河南黄河防洪工程名录

HE NAN HUANG HE FANG HONG GONG CHENG MING LU

黄河水利委员会河南黄河河务局 编

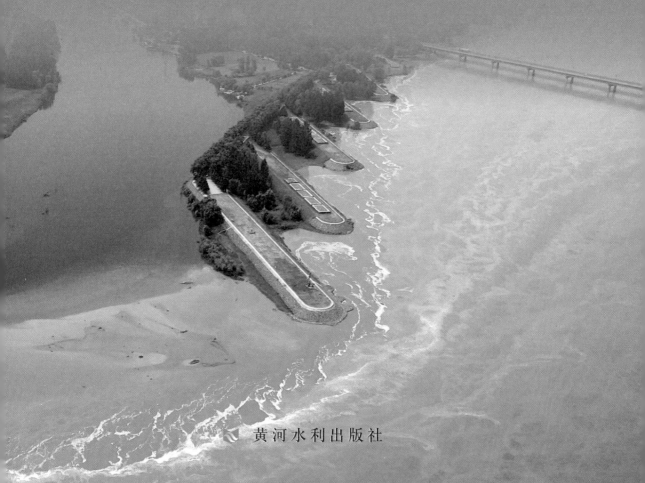

黄河水利出版社

图书在版编目（CIP）数据

河南黄河防洪工程名录 / 黄河水利委员会河南黄河河务
局编 . —郑州：黄河水利出版社，2022.12
ISBN 978-7-5509-3199-2

Ⅰ. ①河…　Ⅱ. ①黄…　Ⅲ. ①黄河 – 防洪工程 – 河南 –
名录 Ⅳ. ① TV882.1-62

中国版本图书馆 CIP 数据核字（2021）第 268373 号

策划编辑：王建平　　电话：0371-66024993　　E-mail：1360300540@qq.com

出 版 社：黄河水利出版社　　　　　　　　　　网址：www.yrcp.com
　　　　　地址：河南省郑州市顺河路黄委会综合楼 14 层　邮编：450003
发行单位：黄河水利出版社
　　　　　发行部电话：0371-66026940、66020550、66028024、66022620（传真）
　　　　　E-mail：hhslcbs@126.com
承印单位：河南博雅彩印有限公司
开本：787 mm×1092 mm　　　1 / 16
印张：20
字数：306 千字
版次：2022 年 12 月第 1 版　　　　　　　　　印次：2022 年 12 月第 1 次印刷

定价：96.00 元

《河南黄河防洪工程名录》编委会

前 言

　　黄河自陕西潼关进入河南省，西起灵宝，东至台前，流经三门峡、洛阳、济源、郑州、焦作、新乡、开封、濮阳等 8 市，流域面积 3.62 万平方千米，分别占黄河流域总面积的 5.1%、河南省总面积的 21.7%；河道总长 711 千米，其间有伊洛河、沁河两大支流汇入，孟津区白鹤镇以上为山区河道，白鹤镇以下 464 千米平原河道为设防河段，郑州桃花峪是黄河中游和下游的分界点。

　　河南黄河地处山区河道与平原河道的过渡河段，地理位置特殊，河道形态复杂，具有不同于其他江河和黄河其他河段的突出特点：一是河道最宽。黄河两岸堤距一般 5～10 千米，最大宽度达 24 千米（新乡长垣市大车集断面）。二是临背河悬差最大。河床一般高出两岸地面 3～5 米，堤防临背最大悬差达 13 米（封丘曹岗险工），是举世闻名的"地上悬河"。三是滩区面积大、人口多。河南黄河滩区总面积 2116 平方千米，居住人口达 125.4 万（2017 年国务院发改委批复的《河南省黄河滩区居民迁建规划》），防洪保安任务非常繁重。四是历史灾害沉重。自公元前 602 年到 1938 年的 2540 年中，黄河下游决口 1593 次，其中三分之二发生在河南；较大改道 26 次，有 20 次发生在河南，河南黄河历来是黄河下游防洪和保护治理的重中之重。

　　数千年来，为治理黄河洪水灾害，历朝历代都把黄河治理作为治国安邦的一件大事，历代先贤也提出过许多治河方略，但由于当时生产力发展水平和社会制度的限制，加之王朝更迭，战争连绵，黄河没有得到有效治理，决口改道频繁，广大人民热切期盼的"黄河宁，天下平"的美好愿望，一直难以实现。

　　1946 年，在解放战争的炮火硝烟中，中国共产党领导组织沿黄人民开展大规模的复堤整险，取得了黄河回归故道的重大胜利，开启了人民治理黄河历史的新纪元。

　　70 多年来，在党中央和国务院的高度重视下，国家投入了巨大的人力、物力和财力，河南党政军民和黄河建设者开展了大规模的黄河治理保护工作，对河南黄（沁）河堤防进行了四次大规模的加高培厚和标准化堤防建设，开展了大规模河道整治，取得了举世瞩目的成就。目前，河南黄河河务局境内各类堤防总长 916.126 千米，其中黄河堤防 562.019 千米，沁河堤防 164.095 千米，北金堤 75.214 千米，太行堤 32.74 千米，贯孟堤 21.123 千米，其他堤防 60.935 千米。河南黄（沁）河修建险工、控导及防洪坝工程共 283 处（险工 90 处、控导 98 处、防洪坝 95 处），工程总长度 529.863 千米，坝、垛及护岸总数 5606 处。结合黄河干支流建成的三门峡水利枢纽，陆浑、故县水库，小浪底水利枢纽和河口村水库，以及辟设的北金堤滞洪区、东平湖水库，基本形成河南黄河下游"上拦下排、两岸分滞"的防洪工程体系。依靠这一工程体系和非工程措施，加上河南沿黄军民与广大黄河职工的严密防守，确保了河南黄河 70 多年岁岁安澜，彻底扭转了历史上频繁决口改道的险恶局面，取得了巨大的经济效益和社会效益。

黄河水资源得到合理开发利用。20 世纪 50 年代以来，先后建成河南黄河引黄供水工程 48 处、引沁供水工程 14 处，共有各类水闸、排水涵管（洞）103 座，其中黄河分泄洪闸 2 座；引黄闸 48 座（穿堤引水闸 35 座，控导工程引水闸 13 座），沁河穿堤引水闸 13 座，沁河穿堤排水闸、涵管（洞）28 座。经过数十年发展，河南省设计引黄（沁）灌溉面积 2362 万亩，有效灌溉面积达 1280 万亩，累计引用黄（沁）河水 2000 多亿立方米，历史上曾经盐碱遍布的不毛之地，已成为绿畴沃野的富庶之乡，为促进中原崛起、河南振兴、富民强省提供了有力水资源支撑。

2021 年初，为保护传承弘扬黄河文化，全面、准确反映河南黄河防洪工程建设的历史和现状，纪念河南黄河防洪工程建设走过的光辉历程，河南黄河河务局党组决定集中力量编写《河南黄河防洪工程名录》一书，对河南黄河防洪工程资料进行系统收集、整理、加工和提炼，客观描述河南黄河防洪工程建设管理的基本情况，通过图文并茂的方式，全面展示在"宽河固堤""除害兴利""上拦下排""调水调沙"等一系列治河方略指导下，河南黄河防洪工程建设取得的丰硕成果和重大成就，并为扎实推进河南黄河防洪工程建设和管理提供新颖、系统、准确、详实的参考资料。

河南黄河河务局党组高度重视《河南黄河防洪工程名录》编撰出版工作，组织全局精干力量，成立工作机构，多次进行专题研究，有力推动了编写工作的顺利进行。由于河南黄河防洪工程类别多，范围广，结构庞大，内容繁杂，本书编撰，不仅对已有资料进行系统梳理与整编，还要对工程历史文化、建设背景进行深入调查与研究，更要秉持科学理念，尽最大可能做到内容完整、表述清晰，特别是工程位置、建设年代和相关数据尽可能做到精准无误，作品既要符合专业性要求，还要做到通俗易懂，便于科学普及。全体编写人员和有关专家以高度的责任心，广泛收集与查阅资料，遵循"先右岸、后左岸，自上而下"的原则，对河南黄河干支流水利枢纽工程、堤防工程、险工、控导工程、滚河防护工程、分滞洪工程、引黄涵闸工程以及沁河防洪工程等进行实地考察，悉心研究每个历史阶段黄河治理的时代背景和主要特点，经过大家孜孜不倦、辛勤耕耘，上下沟通，多方协调，该书于2021年底完成初稿编写。2022年1月至6月，结合专家评审意见，组织6市河务局分管领导、相关业务处室负责同志、全体编写人员完成内容修改，广泛收集、拍摄、整理相关工程图片。2022年8月中旬再次组织专家评审，经修改完善后于10月下旬提交黄河水利出版社编辑出版。可以说，该书的编写，不仅是对防洪工程历史、面貌和建设实践的真实写照，也是"团结、务实、拼搏、开拓、奉献"的黄河精神的具体展现。借此机会，谨向参与本书编写工作的各级领导、专家和广大同仁表示由衷的敬意和诚挚的感谢！

　　作为一部反映河南黄河防洪工程客观现实的作品，由于具体编写人员相关经验不足，加之时间紧，难免有不当或疏漏之处，恳切希望广大读者、研究者和熟悉各个阶段黄河治理开发工作情况的同志多加指正，以便今后进一步修正完善。

编写组

2022年10月

目录

第一章
水利枢纽工程

人民治理黄河以来，经过 70 余年坚持不懈的治理，在中游干支流上先后修建了三门峡水利枢纽、伊河陆浑水库、洛河故县水库、小浪底水利枢纽和沁河河口村水库。小浪底水利枢纽与已建的三门峡水利枢纽、陆浑水库、故县水库、河口村水库联合运用，并利用东平湖分洪，可使黄河下游防洪标准提高到千年一遇。

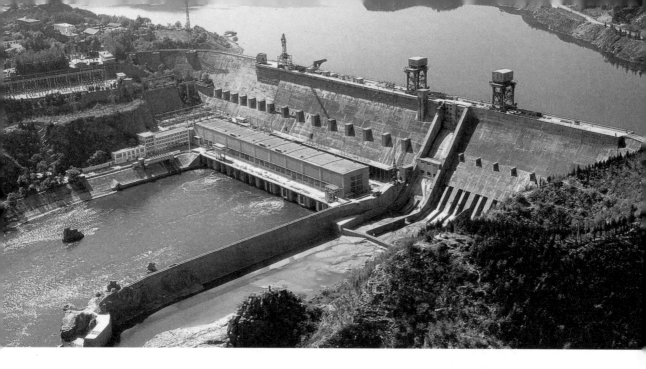

三门峡水利枢纽

三门峡水利枢纽位于黄河中游下段干流上，两岸连接豫、晋两省，在河南省三门峡市（原陕县会兴镇）东北约17千米处。

工程于1957年开工建设，1960年9月下闸蓄水，是中国共产党领导全国人民在黄河干流上兴建的第一座大型水利枢纽工程，被誉为"万里黄河第一坝"。

三门峡水利枢纽主坝全长713.2米，最大坝高106米，坝顶高程353米，防洪库容近60亿立方米，控制黄河流域面积68.84万平方千米，占流域面积的91.5%，控制黄河水量的89%、沙量的98%。

三门峡水利枢纽建设至今，其运用先后经历了"蓄水拦沙""滞洪排沙""蓄清排浑"三个阶段，特别是"蓄清排浑"运用方式的成功实践，为小浪底、三峡等大型水利枢纽工程建设提供了宝贵经验。

　　三门峡水利枢纽建成投运以来，发挥了防洪、防凌、调水调沙、灌溉供水和发电等综合效益，不仅促进了当地经济社会的全面发展，也是黄河下游防洪减淤工程体系的重要组成部分。

　　三门峡枢纽电站作为河南电网两个重要的大型水电站之一，装机 45 万千瓦，1973 年至 2020 年底，累计向电网提供 560 多亿千瓦时电力，共创产值 50 多亿元，是枢纽工程总投资的 4 倍。

　　库区多年来形成的 200 多平方千米水域，已经成为国家级湿地自然保护区，对调节地区气候、保护当地生物多样性及生态环境的改善起着不可或缺的作用。

小浪底水利枢纽

小浪底水利枢纽位于河南省洛阳市以北 40 千米的黄河干流上，上距三门峡水利枢纽 128 千米，坝址以上流域面积 69.4 万平方千米，占流域面积的 92.3%，控制黄河水量（进入下游径流量）的 91.2%、沙量（进入下游泥沙总量）的 100%。

1991 年 4 月，第七届全国人民代表大会第四次会议批准小浪底工程在"八五"期间动工兴建。小浪底工程 1991 年 9 月开始前期工程建设，1994 年 9 月主体工程开工，1997 年 10 月截流，2000 年 1 月首台机组并网发电，2001 年底主体工程全面完工，历时 11 年，共完成土石方挖填 9478 万立方米，混凝土 348 万立方米，钢结构 3 万吨，安置移民 20 万人，取得了工期提前，投资节约，质量优良的好成绩，被世界银行誉为该行与发展中国家合作项目的典范，在国际国内赢得了广泛赞誉。

小浪底水利枢纽建筑物包括大坝、泄洪洞、排沙洞、发电引水隧洞、电站厂房、电站尾水洞、溢洪道和灌溉引水洞。大坝分主坝和副坝，主坝位于河床中，为壤土斜心墙堆石坝，坝顶长 1317.34 米，宽 15 米，坝顶高程 281 米，最大

小浪底水利枢纽

坝高154米。副坝位于左岸分水岭垭口处,为壤土心墙堆石坝,坝顶长170米,坝顶高程281米。泄洪洞位于左岸山体内,进口位于风雨沟,分孔板泄洪洞和明流泄洪洞。电站位于3号明流泄洪洞以北,为地下厂房,共装6台机组(单机容量30万千瓦),总装机容量180万千瓦。

小浪底水利枢纽正常高水位275米,库容126.5亿立方米,淤沙库容75.5亿立方米,长期有效库容51亿立方米,千年一遇设计洪水蓄洪量38.2亿立方米,万年一遇校核洪水蓄洪量40.5亿立方米。死水位230米,汛期防洪限制水位254米,防凌限制水位266米。防洪最大泄量17000立方米每秒。

　　小浪底水利枢纽是黄河干流三门峡以下唯一能够取得较大库容的控制性工程，既可较好地控制黄河洪水，又可利用其淤沙库容拦截泥沙，进行调水调沙运用，以减缓下游河床的淤积抬高，其主要任务是：防洪、防凌、减淤为主，兼顾供水、灌溉和发电。

　　西霞院反调节水库是黄河小浪底水利枢纽的配套工程，位于小浪底坝址下游16千米处的黄河干流上。工程于2004年1月开工，2007年5月下闸蓄水，2008年1月4台机组全部并网发电，2011年2月通过了由水利部主持的竣工技术预验收。西霞院工程的功能以反调节为主，结合发电，兼顾供水、灌溉等综合利用，在将小浪底水库下泄的不稳定水流变成稳定水流，保证黄河河道不断流的同时，还从根本上消除了小浪底水电站调峰对下游河道的不利影响，对生态、环境保护和工农业生产用水有着至关重要的作用。

故县水库

　　故县水库位于黄河支流洛河中游洛宁县境故县镇下游，控制流域面积 5370 平方千米，占洛河流域面积的 44.6%。

　　工程于 1958 年开工兴建，1992 年基本建成，经历了"三下四上"的漫长过程。1994 年 1 月 20 日通过国家验收委员会组织的竣工验收。

　　该工程为混凝土重力坝，由两岸挡水坝段，溢流坝段，电站坝段和底孔中孔泄流坝段及坝后式电站厂房和敷设于坝内的引、泄流孔道组成。坝顶高程 553 米，坝顶长 315 米，最大坝高 125 米，坝最大底宽 131 米。总库容 11.75 亿立方米，其中兴利库容 5.1 亿立方米。电站装机三台，单机容量 2 万千瓦，总装机容量 6 万千瓦。

　　故县水利枢纽是一座以防洪为主，兼顾灌溉、供水、发电等综合利用的大型水利枢纽工程。自投运以来，经历了十余次较大洪水过程，通过水库拦洪运用，有效遏制了洛河水患，缓解了黄河和洛河下游的防洪压力，在黄河中下游防洪保安澜中发挥了重要作用。

　　故县水库引水工程于 2019 年 9 月实现通水，优化了洛阳市生活用水结构，为居民生活品质的提高和城市经济高质量发展提供了有力支撑。

陆浑水库

陆浑水库位于河南省洛阳市嵩县田湖镇陆浑村附近，在黄河二级支流伊河上，控制流域面积 3492 平方千米，占伊河流域面积的 57.9%。

工程于 1959 年 12 月开始兴建，1965 年 8 月底建成。灌溉发电洞 1972 年 2 月开始增建，1974 年 7 月建成。1976 年、1988 年两次对工程进行加固。

水库主要建筑物包括拦河坝（黏土斜墙砂壳坝）、输水洞、泄洪洞、灌溉发电洞、溢洪道和电站等，是一座以防洪为主，结合灌溉、发电、供水、旅游、水产养殖等综合利用的大型水利枢纽工程。水库总库容 12.9 亿立方米，坝顶高程 333 米。电站总装机 1.045 万千瓦。设计灌溉面积 132.24 万亩，现有效灌溉面积 62.58 万亩。自投入运行以来，发挥了巨大的社会效益和经济效益。

河口村水库

　　河口村水库位于济源市克井镇境内，黄河一级支流沁河最后一段峡谷出口处。

　　工程于 2008 年 6 月 12 日开工，2016 年 10 月建设完成，2017 年 10 月 19 日，通过河南省水利厅主持的竣工验收。

　　水库控制流域面积 9223 平方千米，占沁河流域面积的 68.2%。设计防洪标准为 500 年一遇，校核标准为 2000 年一遇。水库总库容 3.17 亿立方米，是一座以防洪、供水为主，兼顾灌溉、发电、改善河道基流等综合利用的大（2）型水利枢纽工程，主要建设内容有混凝土面板堆石坝、泄洪洞、溢洪道及引水发电系统等。

　　河口村水库建成运用进一步完善了黄河下游防洪工程体系，与已建成的小浪底水利枢纽、三门峡水库、陆浑水库、故县水库五库联合调度，对提高黄河下游的防洪安全起到重要作用；将沁河下游防洪标准由 20 年一遇提高到 100 年一遇，保证了南水北调中线穿沁工程 100 年一遇的防洪安全；为济源、焦作经济社会可持续发展提供每年 1.28 亿立方米的水资源支撑等。

第二章
堤防工程

河南黄河下游河道，除南岸孟津以下至郑州邙山根为邙山山麓无堤外，其余两岸堤防，主要是明、清两代逐步修建起来的。

　　新中国成立前，黄河大堤低矮残缺抗洪能力薄弱。人民治黄以来，在党的领导下，为提高堤防抗洪能力，先后进行了四次大规模加高培厚和标准化堤防建设，临黄大堤堤顶宽度达到12米，淤背区淤宽至80～100米，达到2000水平年设防标准。

一、堤防概况

截至 2021 年底，河南各类堤防总长度 916.126 千米，其中黄河堤防 562.019 千米，沁河堤防 164.095 千米，北金堤 75.214 千米，太行堤 32.74 千米，贯孟堤 21.123 千米，移民防护堤 39.969 千米，北围堤 9.696 千米（武陟 7.84 千米，原阳 1.856 千米），防洪堤 11.27 千米。

孟津堤：孟津堤位于黄河右岸洛阳市，上起孟津区白鹤镇鹤南村，下至孟津区会盟镇雷河村，全长 7.6 千米。孟津堤始建于清同治十二年（1873 年），当时河势南移，为保护汉光武帝陵，修筑石堤维护，为地方修建工程。民国九年（1920 年），以工代赈，修土埝长约 8 千米。1938 年之后，改为官守，堤坝迭经加修，逐步形成孟津黄河 7.6 千米堤防。

右岸临黄大堤（郑州邙山根至兰考岳寨临黄大堤）：自郑州西北邙山根起至兰考岳寨，共长 187.575 千米，又称南岸临黄大堤。其中郑州保合寨至中牟杨桥一段，是康熙二十一年（1682 年）至三十八年（1699 年）所筑；中牟九堡至兰考东坝头一段，修筑于明嘉靖中期（1521—1571 年）；东坝头岳寨一段为明清故道北堤，现为南堤。保合寨至邙山根一段是 1947 年、1955 年、1976 年三次向上延伸，计长 1.172 千米。2017 年三义寨闸改建工程新增堤防渠堤 1.335 千米，2004—2005 年在兰考原堤防临河平行修建三段新堤，堤防新增长度 22.734 千米。

左岸临黄大堤：左岸临黄堤分为上下两段，共长 366.844 千米，又称北岸临黄大堤。

左岸临黄大堤上段起自孟州中曹坡至封丘鹅湾，断断续续总计长 171.358 千米。武陟沁河口至詹店一段，修筑于清雍正元年（1723 年）。孟州、温县堤防，分别筑于清乾隆二十一年（1750 年）和乾隆二十三年（1752 年）。沁河口至东唐郭一段，是清嘉庆二十一年（1816 年）起在民埝基础上加修而成。其中原阳、封丘县境内堤防，是明弘治三年至七年（1490—1490 年），先后由白昂、刘大夏创筑。

左岸临黄大堤下段自长垣大车集至台前张庄，长 195.486 千米，清同治六年（1864 年）长垣大车集以下修民埝 60 余里，清光绪三年（1877 年）又接修濮阳、范县一段民埝，至 1918 年改为官堤。

温孟滩防护堤： 位于黄河左岸孟州市和温县境内，始建于1993 年，于 2000 年基本完成主体工程施工任务，温孟滩防护堤工程包括临黄防护堤、东防护堤两段，堤防总长 43.481 千米。孟州、温县河务局管辖临黄防护堤合计 39.969 千米，其中孟州河务局管辖长度 28.56 千米；温县河务局管辖长度 11.409 千米。当地政府

管辖东防护堤长度 3.512 千米），连接逯村、开仪、化工、大玉兰四处控导，基本构成现在温孟滩移民安置的防护工程体系。

北围堤： 北围堤位于黄河左岸，原是花园口枢纽工程左侧围堤，始建于 1960 年，该工程上连铁路桥隔堤，下与原阳交界，全长 9.696 千米，武陟河务局管辖长度 7.84 千米；原阳河务局管辖长度 1.856 千米）。1963 年花园口水利枢纽工程闭闸破坝泄洪后，成为一处重要的护滩工程。该工程一旦溃决，将危及原阳县滩区人民生命财产安全，还将导致引流夺河、顺堤行洪，造成老险工失控、新险丛生，危及黄河大堤及郑州黄河公路大桥安全。

原阳北围堤工程 1959 年 12 月开工，1960 年 6 月建成，工程长度 1.856 千米，北围堤是花园口枢纽工程的左侧围堤，新乡市黄河防洪的西大门，无论在任何流量级失事，洪水都会沿幸福干渠与堤防之间狭长地带下泄，将会给滩区造成灾滩性损失。

　　贯孟堤： 位于黄河左岸，封丘贯台至长垣姜堂，长度 21.123 千米（其中长垣县境内贯孟堤总长 11.803 千米未达到设防标准，封丘县境内 9.32 千米已按照标准化堤防进行建设）。1855 年铜瓦厢决口改道后，北岸大堤自大车集起至太行堤相连接，唯大车集至封丘鹅湾无堤防，沿河居民受灾严重，1921 年，河南灾区救济会以工代赈修堤一道，自鹅湾修至武楼，称华洋民堰。1933 年被洪水冲毁，1934 复建。原计划修建至长垣孟岗，故名贯孟堤，后因南岸绅民联名反对而中途停建，实修至姜堂。人民治黄以来，于 1949 年、

1974 年两次对贯孟堤进行培修。

太行堤：位于黄河左岸，现指河南长垣大车集至延津魏丘集的 44 千米堤防，为弘治七年（1494 年）副都御史刘大夏治河时主持修建。1956 年进行加培，其中上段约 10 千米已经废弃。长垣大车集至封丘黄德 32.74 千米太行堤列入管理计划，堤防标准为一级一类堤防，防御花园口 22000 立方米每秒洪水。

北金堤：位于黄河左岸濮阳县和滑县境内，为北金堤滞洪区的北围堤，长 75.214 千米。北金堤始筑于汉代，东汉明帝永平十二年（公元 69 年）王景治河时，自荥阳至千乘（今利津一带）沿黄河南岸修筑的一道长堤，为北金堤的前身。该堤在宋庆历八年（1084 年）黄河改道北徙之前，为黄河右堤。在经历多次南改北徙、1855 年铜瓦厢改道后，光绪元年（1875 年）将北金堤修培，成为黄河左岸的遥堤。

防洪堤：防洪堤修建于 1956 年，位于曹岗险工背河，西起陈桥乡陈桥村，东至曹岗乡邵占村，长 11.27 千米，高于地面 3 ～ 4 米。

在 1955 年，根据中央和黄河防汛指挥部的指示，黄河的防洪任务为"保证 1933 年同样洪水：即秦厂洪峰流量 25000 立方米每秒上限水位 99.14 千米，不准发生严重溃决和改道，超过保证水位的特大洪水，不论在任何类型洪水的情况下，均得有对策、有准备、有无限责任保证防汛的胜利，为了保证洪水顺利下泄，从 1955 年在封丘县境太行堤以南，黄河大堤以北，定为滞洪区，并在大功设有分洪口门。为了保证曹岗险工在滞洪时的安全（免得滞洪时，洪水偎大堤），于险工背河修了防洪堤。

二、河南黄河下游堤防建设

　　新中国成立之前的黄河堤防工程低矮残破，隐患众多，抗洪能力极其薄弱。作为防御洪水的屏障，两岸大堤既要防止大洪水时漫决，又要防止中常洪水情况下的溃决，因此堤防的整修，必须既加高又加固。堤防加高的标准，决定于黄河洪水的防御标准。这一时期，随着人们对黄河洪水认识的逐步清晰，防洪标准以及堤防工程加高的标准也有相应的变化和调整。

（一）黄河下游第一次大修堤（1950—1957年）

从1950年起，沿河地区按照黄河水利委员会（简称黄委）"宽河固堤"的方针，以防御比1949年更大洪水为目标，开展了历时8年的第一次大修堤。此次修堤是在解放战争期间复堤的基础上，逐年加高加固，提高堤防防洪标准。

在历时8年的第一次黄河大修堤中，每年沿河各地由主要负责同志挂帅，农业、水利、民政、商业等部门参加，成立修堤施工指挥部，按照当年制定的修堤工程标准和施工计划，组织动员大批劳力，每年3—6月、10—12月，进行复堤施工。

1950—1957年黄河第一次大修堤期间，沿黄人民群众完成土石方14090万立方米。其中，河南沿黄各地完成土方3836.88万立方米，对1700多道秸料埽坝全部进行了石化。堤防加固了，河道拓宽了，原来千疮百孔的下游堤防焕然一新，防洪形势得到初步改变。

（二）黄河下游第二次大修堤（1962—1965 年）

三门峡工程建成后，曾一度放松了下游修防工作，防洪能力有所下降。三门峡水库由"蓄水拦沙"改为"滞洪排沙"运用以后，为继续加强防洪工程建设，自 1962 年冬至 1965 年底进行了黄河下游第二次大培修。

第二次大修堤以防御花园口 22000 立方米每秒的洪水为目标，两岸大堤超高原来右岸为 2.3 米，改为 2.5 米。平工堤段顶宽由原来的 8～9 米改为 9 米，险工堤段顶宽原为 10～11 米改为 11 米。临背河两坡为 1∶3，浸润线按 1∶8 设计，经过连续复堤到 1967 年完成土方 871 万立方米，绝大部分堤段到达计划标准。

本次大修堤共完成土石方 871 万立方米，一些比较薄弱的堤段得到了重点加固，河道整治重新展开，加上几座壅水拦河大坝的破除，使下游排洪排沙能力逐步得到了恢复，绝大部分堤段到达防御花园口 22000 立方米每秒的洪水计划标准。

（三）黄河下游第三次大修堤（1974—1985 年）

1974 年，国务院批转了黄河治理领导小组的《关于黄河下游治理工作会议的报告》，同意报告提出的建议：大力加高加固堤防，采取人工修堤和放淤固堤相结合的办法，10 年内把险工薄弱堤段淤宽 50 米，淤高 5 米以上。由此，黄河第三次大修堤正式启动。

第三次大修堤防御洪水标准为花园口站 22000 立方米每秒。开工第二年发生的"75·8"淮河大水灾，给黄河敲响了警钟。经综合分析推算，为防御三门峡至花园口区间可能发生的更大洪水，第三次大修堤工程中又增加了防御特大洪水的工程。

第三次大修堤的两个高峰期，一是 1976 年冬至 1977 年春，二是 1982 年冬至 1983 年春。整体来说，这次大修堤仍是以人力施工为主，但后期黄河机械化施工队伍组建后发挥了重要作用。河南黄河在这次大修堤中，共完成投资 4.05 亿元，完成土方 2.17 亿立方米、石方 154.22 万立方米、混凝土 6.92 万立方米。

1985 年第三次大复堤完成后，针对河南黄河堤防存在的问题和薄弱环节开展了以前戗、后戗、锥探灌浆、放淤固堤、截渗墙等工程措施为主的大规模堤防加固工作。

（四）黄河下游第四次大修堤（1998—2021 年）

1998 年长江、松花江、嫩江大洪水发生后，中共中央、国务院针对江河防洪暴露出来的突出问题，下发了《关于灾后重建、整治江湖、兴修水利的若干意见》，明确指出："抓紧加固干堤，建设高标准堤防"。

1998—1999 年，按照防御花园口站流量 22000 立方米每秒洪水为目标，主要对长垣县、濮阳县、范县和台前县等堤顶高程低于 2000 水平年设计堤顶高程 0.5 米以上的堤段进行加高培修。共计加高培修堤防 160 千米，完成土方 1721.11 万立方米，投资 40970.69 万元。

至此，河南临黄堤防基本上全部满足 2000 水平年设防标准的高程和宽度要求。

2002 年，国务院正式批复《黄河近期重点治理开发规划》，要求用 10 年左右的时间初步建成黄河防洪减淤体系，这为黄河下游实施标准化堤防建设即"三线"建设提供了重要依据。

所谓标准化堤防，就是把黄河下游大堤建成集防洪保障线、抢险交通线、生态景观线"三线"合一的标准化工程体系，确保黄河下游防御花园口 22000 立方米每秒洪水不决口。具体来讲，临河 50 米栽种防浪林；堤顶全部硬化；堤顶交通道路两侧各种植一排行道林，同时种植一定宽度的草本花卉；往外是 100 米宽的淤背体，全部种上树木。

根据国家投资规模安排，标准化堤防建设分 2005 年前、2006—2010 年两期进行。其中河南黄河一期标准化堤防位于黄河南岸郑州至开封段，长 159.162 千米，投资 14.65 亿元。

2005 年 4 月 28 日，经过来自全国各地近万名建设者 500 多个昼夜的苦战，河南黄河一期标准化堤防建设全线建成，累计完成土方 6178 万立方米、石方 25 万立方米，搬迁安置人口 1.6 万人，拆迁房屋 45 万平方米，永久性征地 1.8 万亩，植树 240 万棵。工程完工后，堤顶宽度达到 12 米，淤背区淤宽至 100 米，达到 2000 年设防水位，郑州、开封标准化堤防工程还分别荣膺"全国水利工程大禹奖"。

自 2005 年 4 月河南黄河一期标准化堤防建设全线建成之后，2006 年 12 月，河南黄河第二期标准化堤防启动，上起武陟沁河口，下至台前张庄，涉及河南焦作、新乡、濮阳三市七县，堤防全长 152 千米，工程总投资 18 亿元。

截至 2021 年，河南黄河下游 501 千米的标准化堤防全部建成，沁河下游防洪治理工程建设全面通过投入使用验收，经此次建设，河南黄河下游基本形成完善的防洪工程体系，大幅提高黄河下游防洪能力。

河南黄河标准化堤防工程体系的建成，全线达到了防御花园口 22000 立方米每秒洪水的设防标准，抗洪能力显著增强，生态环境明显改善，为河南经济社会发展，特别是沿黄地区群众脱贫致富奔小康提供了更加优美、坚实的保障。

第三章

险 工

为防止水流冲刷堤防，依托大堤修建的防护工程称为险工。险工由坝、垛和护岸组成，具有控导河势和保护大堤的功能，一般与所保护大堤的设防标准一致。人民治理黄河以来，河南境内黄河险工加高改建大致经历了以下 4 个阶段：20 世纪 50 年代实施险工石化；60 年代对原有石坝进行戴帽加高或顺坡加高；70 ~ 80 年代对原有石坝进一步加高，对一些稳定性差的坝垛进行拆改重建；从 90 年代开始，在原有工程的基础上对一大批险工进行了大规模的改建和加固。截至 2021 年底，河南黄河堤防共有险工 38 处，坝、垛、护岸 1568 处。

铁谢险工

　　孟津铁谢险工位于洛阳市孟津区白鹤、会盟两镇，全长7600米，裹护长度10123.95米。现有坝38道（含2道潜坝）、垛73座、护岸24段，共计135个单位工程。其防御标准为黄河小浪底站流量17000立方米每秒。

　　该工程始建于1873年，相传为保护汉光武帝陵而建。20世纪50年代由孟津黄河管理段接管。70年代初，被列入河道整治节点工程。由于工程上下不是一个完整的平顺弯道，特别是下首弯道较缓，从1973年到1986年分别对工程上首进行了填湾，下首进行了续建，修建10道坝。1998年又对下延4坝进行了加高改建，2000年为了增强工程送溜能力，在工程下首修建了300米潜坝。2003年为了减小二广高速公路桥对工程的影响，修建了铁谢潜坝550米（15坝下延潜坝），2008年修建填湾5道坝，对3道坝接长或截短，使工程弯道更加平顺，增强了送溜能力，2012年修建填湾两道坝，增强工程迎送溜能力。自改扩建以来没有发生重大、较大险情。

孟津铁谢险工是黄河下游防洪工程的第一处险工，上迎白坡控导工程来溜，送溜于孟州逯村控导工程，主要作用是防御洪水顺堤行洪，挑溜护堤。

铁谢险工与铁谢大堤相配套，有效地保障了孟津白鹤和会盟镇6667平方千米土地和10余万人的生产生活安全。

依托铁谢险工，豫西河务局于2014年成功创建国家级水利风景区——洛阳孟津黄河水利风景区，由黄河生态观光带、汉代历史文化园区和黄河中下游地理分界主题公园等组成，主要包括抗日战争时期的碉堡群、1938年朱德总司令赴洛阳会晤卫立煌渡黄河时的黄河渡口、东汉时期阴丽华皇后的娘娘冢坝等历史文化遗址，黄河中下游分界塔、黄河生态廊道、黄河生态湿地公园、黄河驿站等生态景观，法治文化教育基地、党建文化基地等。景区周边为汉光武帝陵、龙马负图寺、王铎故居等人文历史古迹。2021年4月铁谢险工被黄委命名为第二批黄河水利基层党建示范带"党员教育基地"，同年6月被河南黄河河务局评为"黄河文化融合示范工程"。

铁谢险工也是集工程文化、红色文化、人文历史文化、法治文化、生态文化和党员教育及科技创新于一体的教育示范基地。

保合寨险工

  保合寨险工西起郑州市惠济区保合寨村，东至花园口枢纽泄洪闸，工程长度5520米，裹护长度2220.8米，现有坝25道、垛18座、护岸20段，共63个单位工程。

  保合寨险工始建于1882年，是在清代民埝基础之上修建的。自清光绪年间形成后，经常临溜，为防止引发堤防决口险情，1881年，在保合寨原民埝的基础上修建了保合寨险工。人民治黄以来，用石料将保合寨险工坝岸坦坡进行了砌护，1956年完成险工整修改建。

  1952年9月8日，黄河在保合寨险工对岸上游坐弯折向东南，形成"横河"，直冲保合寨险工。当时大河流量仅为2130立方米每秒，水面宽由千余米缩窄到百余米，形成大河入袖之势，水流集中，淘刷严重，造成堤防坍塌45米、宽6米、水深10米以上，大堤上的一段铁路也被悬空在大溜之上，险情十分危急。对此河南黄河河务局成立了临时抢险指挥部，袁隆（河南黄河河务局局长）为总指挥，开封地委书记和行署专员也赶赴现场，组织抢险。抢险指挥部从河南黄河河务局所属的中牟、开封、兰考和平原省所属的

沁阳、武陟、原阳、封丘等 7 个修防段抽调工程队员 200 人支援抢险，同时又组织沿黄有抢险经验的民工 400 余人配合工程队抢险。此外，又向郑州铁路局申请一个专列运送石料，指令郑县沿黄 4 个区送柳料 100 万千克。经过 10 个昼夜奋战，采用传统"风搅雪"方法进行抢护，同时抛柳石枕，加固护岸，抢修后戗，新修石垛 4 座，使堤防工程转危为安。此次抢险共用石料 6000 立方米，柳料 100 万千克。该险工在抢险时水深约 15 米，1952—1955 年间整修抢险累计抛石 1108.61 立方米。

1997 年进行临河帮宽，大堤顶宽由 5 米加宽至 12 米，并在 0+600 ～ 2+600 段淤筑前戗，造成 2 垛 ～ 44 坝掩埋于帮宽堤身内。2004 年对该险工 46 ～ 63 坝进行改建。

该险工主要御溜工程为 47 坝、48 坝、63 坝。其中 47 坝处在向北突出的顶点上，坝长 960 米，为险工主要挑溜大坝。

南襄头险工

　　南襄头险工上接保合寨险工，下连花园口险工，有坝 1 道、垛 7 座，共 8 个单位工程，工程长度 2244 米，裹护长度 475 米。

　　花园口枢纽工程是黄河下游干流上第一期拦河壅水工程，位于京广铁路桥以下 8 千米处，南岸为郑州市郊岗李村，北岸为武陟、原阳两县交界处。在 20 世纪 50 年代，认为"根治黄河，指日可待"，黄河上中下游众多工程相继动工兴建。花园口枢纽工程以上南北两岸除早已建成的人民胜利渠以外，又先后建成了共产主义渠、幸福渠、东风渠，引黄灌溉发展迅猛。为保证引水，河南省要求马上修建花园口枢纽工程。花园口枢纽工程 1959 年 12 月开工，1960 年 6 月建成。花园口枢纽工程建成运用后，在三门峡水库蓄水拦沙运用期间，对于灌溉、改善河势及防止京广铁桥桥基的冲刷起到了一定作用。但由于原设计对客观情况的变化估计不足，除主要受惠者东风渠和幸福渠效益明显外，其他如航运、发电等都难以实现，灌溉面积也远远小于原设计。加之工程建成后管理不善，运行不到两年，枢纽的泄洪闸就受到严重损坏。特别是 1962 年后，三门峡水库由"蓄水拦沙"运用改为"滞洪排沙"运用，洪水泥沙大量下泄，黄河下游河道恢复淤积，花园口枢纽这一低水头壅水工程，不仅不能发挥其应有效益，反而使河道排洪能力受到严重影响，淤积加重。为了保证下游防洪安全，1963 年 5 月，提出破除花园口枢纽工程拦河大坝的设计。经水电部和河南省委批准，当月便开始动工，7 月 17 日爆破成功，从而为顺利排洪排沙疏通了道路。

花园口枢纽工程废除后，南岸修筑裹头作为险工予以保留。该围堤对控制黄河河势，保护黄河右岸大堤起着重要作用。南裹头险工自形成后常年靠河，在"96·8"洪水中受大溜顶冲曾多次出险。2001 年 12 月为增加裹头防冲能力，对裹头乱石粗排坦石结构进行拆除整修，将坝坦改为浆砌石结构。2003 年对未改建的 1～5 垛进行退坦加高改建，原南裹头 6 垛为新建 6 坝，原南裹头主坝为新建 7 坝，原南裹头主坝附垛为新建 8 坝。2007 年 8 月黄河调水调沙期间南裹头险工出现险情，抢险用石共计 2080 立方米。

2020 年，郑州市委、市政府提出建设 1200 平方千米的黄河流域生态保护和高质量发展核心示范区，惠济区政府高标准启动了南裹头广场的建设并于年底投入使用。新建成的南裹头广场以防汛物资石料为主题，以黄河会客厅为理念，总面积 30000 平方米，场地布局包括观河台服务驿站、露天剧场及配套设施，同时增加绿化，打造集生态、观光演绎等综合服务为一体的黄河景观台。

花园口险工

花园口险工上接南裹头险工，下连申庄险工，现有坝41道、垛48座、护岸63段，共152个单位工程，总长度10075米，裹护长度8425.68米。

据《郑州黄河志》载，花园口险工始建于清乾隆十九年（1754年），历经反复抢护、修筑加固，使坝、垛毗连不断，逐渐形成花园口险工。该险工自1862年至2013年150多年间，迎溜靠河，水下根石一般深达10～23.5米，基础较好，是黄河右岸防御洪水的重要屏障。将军坝（90坝）是花园口险工的主坝，建于清乾隆十九年（1754年），清嘉庆十三年（1808年）在此处修建将军庙一座（现闸址处），由此而得名"将军坝"。

清光绪十三年（1887年）秋分前后，花园口险工段黄河已三次涨水，水势猛涨，入水之埽达40余段，险情十分紧急。河道总

督觉罗成孚调集兵夫、勇丁、练军千员星夜驰赴工地，料土兼施，砖石并进，冒雨顶风，昼夜抢护。9月14日黎明，石桥堤身走漏过水，抢堵无效，石桥河决，淹15州县，灾民达180多万。石桥决口后，河道总督觉罗成孚摘去顶戴革职留任。9月29日，李鹤年署理河道总督，会同倪文蔚筹办石桥堵复事宜，礼部尚书李鸿藻督办工程。为有利于堵口，十一月起，首先开挖引河，在堵口工程上，建西坝为挑水坝，另筑东坝，东西两坝正在抢做时，因西坝受到急流淘刷，突然蛰陷，捆厢船也被占土压沉，抢此失彼难以进占，先后沉没船夫20余人，再加上供料不及，至次年七月停工，堵口工程归于失败。1888年8月8日，广东巡抚吴大澂受命接任河道总督，主持石桥堵口工程。吴大澂率众首先堵复了被水冲开的拦河坝，又挖宽挖深原开的引河，并增挖了一条龙须沟。9月底完成引河工程，10月13日西坝开工，10月24日东坝开工。两坝进占昼夜不停，12月14日，合龙前的各项准备工作全部完成。12月19日口门合龙闭气，大功告成。石桥堵口工程历时一年，耗资白银2000万两，工程之艰巨为历届所未有。在这次治河实践中，吴大澂留下了"守堤不如守滩"的名言，也就是现在采用的大规模的河道整治工程。

　　1938年6月，国民政府为阻止日军西犯，在花园口扒决黄河大堤，致使黄河改道8年零9个月。花园口大堤掘开后，口门经黄河水不断冲刷，由最初的30米，拓宽至1460米。花园口决口是人为的一次大灾难，河水所到之处，河湖淤积，泥石俱下，在黄淮海平原激荡，豫、皖、苏3省44个县受此大水灾，形成特有的地理名词"黄泛区"。据国民政府行政院在抗战胜利后的统计，共淹没耕地84.4259万公顷，人民逃离391.1354万人，死亡89.3303万人，给豫、皖、苏人民带来了无尽的苦难。花园口堵口工程于1946年3月1日开工，1947年3月15日花园口决口合龙，使改道8年零9个月之久的黄河重新回归故道。

　　人民治黄以来，多次对花园口险工加高帮宽改建。20世纪50年代，对1938年花园口决堤的口门（104～127坝）恢复、维修加固；1974～1983年对临河坝垛进行加高改建；2004年按防御花园口站22000立方米每秒洪水标准全部完成对该险工的改建。

依托黄河花园口堤防险工建立起来的黄河花园口水利风景区，于 2002 年被水利部批准为国家级水利风景区，以其深厚的黄河文化底蕴、优美的自然风光、雄伟壮观的防洪工程，逐步发展为承载黄河历史文化、见证治黄发展历程、展现人民治黄成就的窗口。景区全长 3 千米，占地面积 12.85 平方千米，毗邻水域面积约 80 平方千米。自西向东有镇河铁犀、将军坝、花园口引黄闸、花园口水文站、郑州黄河公路大桥、一九三八年扒口处遗址、河韵碑林、花园口事件记事广场、八卦亭、浮雕墙、法治文化示范基地等景点。将军坝（90 坝）是花园口险工的主坝，建于清乾隆十九年（1754 年），清嘉庆十三年（1808 年）在此处修建将军庙一座（现闸址处），由此而得名"将军坝"。1977 年 8 月，黄河下游发生高含沙洪水，花园口河段出现"揭底"冲刷，曾使将军坝根石严重走失、蛰陷，经及时抢护才未酿成大险。将军坝根石深达 23.5 米，是黄河下游坝垛根石最深的一道坝，已成为黄河河道工程和桥梁设计的参考依据。

花园口景区 2006 年被国家旅游局评定为"AAA"级旅游区，2008 年被列为河南省文物重点保护单位，2013 年被评为郑州市青少年爱国主义教育基地，2017 年被花园口险工获选水利部水工程与水文化有机融合案例，2018 年被列为河南省水利科普教育基地，2019 年被列为全国法治宣传教育基地。

申庄险工

申庄险工上接花园口险工，下连马渡险工，现有坝37道、垛40座、护岸65段，共142个单位工程，工程全长6062米，裹护长度6486.1米。

清雍正、乾隆年间，北岸秦厂修建挑水坝后，石桥以下靠河，险情不断，于1736年形成申庄险工。

整个险工平面呈"凹"字形的御溜工程，坝垛工程长度较短，挑溜作用不大，只在险工尾部石桥附近，大堤走向由东北方向转成东南方向。在此转弯的凸出点上下，有123坝和131坝坝身较长，起较大的顺溜导向作用。自1984年东大坝下延工程修建以来，将河势挑向东北方向。

人民治黄以来，申庄险工几经加高帮宽改建，1974—1983年对临河坝垛进行了改建加高。2003年按标准化堤防要求全部进行改建。

马渡险工

马渡险工上接申庄险工，下连三坝险工，有坝23道、垛29座、护岸48段，共100个单位工程，总长度4252米，裹护长度4643米。

马渡险工初建于1722年，清康熙六十年至六十一年（1721—1722年），由于南岸邙山岭挑溜，对岸秦厂上下大溜顶冲，不断发生巨险和决口。为挑溜南移，雍正二年（1724年），在秦厂上下修建挑水坝数道，使大河由中牟河段逐渐上提，在石桥以下靠河着溜。1724年，在石桥以东修筑埽岸长达4千米，并在埽尾修筑矶咀坝1道。到乾隆、嘉庆年间，由于主流摆动幅度较大，又修筑了10余道坝垛，形成了马渡险工。

历史上马渡险工河势变化大，常靠主溜，并常有"横河"、大溜顶冲，1722年、1887年黄河曾两次在该河段决溢。

人民治黄以来，对该险工数次加高帮宽改建。1974—1983年对临河坝垛进行了改建加高；1994年7月，对马渡26坝根石进行改建施工，采用混凝土铰链式模袋沉排新型结构进行施工，为黄河上首次使用，属于黄委重点试验项目；2005年，按标准化堤防要求全部完成改建。

马渡险工是郑州市辖区重要的险工之一，工程挑流能力较强，是保障郑州河段的重要屏障。85号大坝（来童寨大坝），坝长554米，顶宽20.5米，是险工的主坝。马渡在历史上曾经是黄河的古渡口，是连接古都汴梁、洛阳和沟通黄河南北的重要货运码头。

依托马渡险工建设的马渡黄河水利风景区，以沿黄生态廊道为主轴，集传统治河技艺研学基地、新时代防汛抢险演练场、景墙文化科普走廊等为一体的马渡黄河文化广场、S312标志建筑"大河之冠""郑工堵口"纪念处、马渡观河、渡头柳文化小景、黄河滩湿地观光等景观于一体，成为展现黄河气势的郑州地标、讲述黄河文化的科普走廊、郑州市民休闲旅游的目的地。

三坝险工

三坝险工西起郑州市金水区三坝村，东至中牟县杨桥险工上首，有坝 20 道、护岸 12 段，共32 个单位工程，总长度 2108 米，裹护长度 1768 米。

雍正二年（1724 年），北岸秦厂修建挑水坝数道，大河由中牟河段逐渐上堤，在石桥以下靠河着溜。是年，即在石桥以东修筑埽岸长达 4 千米，并在埽尾修筑矶咀坝 1 道。到乾隆、嘉庆年间，由于主流摆动幅度较大，又修筑了 10 余道坝垛，形成三坝险工。

1933 年以前三坝险工临靠大河，1933 年 8 月洪水过后，淤成大滩而脱河；1956 年开始临河，黄河大溜经常临靠工程下段。

1982 年 8 月 2 日，花园口站出现洪峰流量 15300 立方米每秒的洪水，是黄河下游有实测资料以来仅次于 1958 年的大洪水。洪水期间，郑州郊区 32 千米的大堤有 30 千米涨水，堤柳水深 1～2 米。淹没河滩地 18810 亩。南裹头和三坝险工 8 处出险，1550人参加抢险，5 个昼夜，抛石 1900 立方米，抛铅丝笼 15 个，控制了险情。

1990 年以后，随着马渡下延工程建设，主溜北移，中常洪水情况下，该险工全部脱河，主溜离工程较远。

2003 年按标准化堤防要求该险工全部完成改建。

杨桥险工

杨桥险工位于中牟县杨桥，有丁坝 34 道、护岸 24 段，共计 58 个单位工程，总长度 4546 米，裹护长度 3865.54 米。

杨桥自古为繁华之地，但自宋、金以后，汴河河道受黄河多次决口影响，沿河经济一度萧条。到明代中期，由于河道疏浚，航运恢复，经济复苏，这里又成为中牟八大镇集之一。明正统十三年（1448 年），黄河在这里又发生一次大决口，大溜夺汴河故道一泻东南，经大力治理，河道暂时稳定下来。

杨桥镇历史上最频繁的决口在清代，清顺治十八年（1661 年）始建杨桥险工。雍正元年（1723 年）九月二十日，大雨不止，风狂浪猛，由于黄河底床逐渐抬高，加之堤防不牢固，郑州来童寨民堤漫溢两处，大溜直射中牟杨桥官堤。郑州知州张宏误听来童寨居民呈报，于九月二十一日晚决阳武民堤放水，决口十余丈，两水合一，直冲杨桥后官堤，决溢之水顺贾鲁河道南下，沿河受灾惨重，当年十二月二十四日，该工程完成堵复。决口堵复后，朝廷便在杨桥镇南部大兴土木，建成了宏大的佑宁观（俗称大庙郭），成为清代黄河上最大的园庙建筑。据史书记载，佑宁观占地 540 亩，山门巍峨，正殿美轮美奂，亭台、鼓楼数百年间皆金碧辉煌。抗日战争时期，大庙郭已经残塌不堪，留下一片废墟。

清乾隆二十六年（1761 年）七月，三门峡至花园口普降暴雨，黄河发生特大洪水，并与沁河洪水相遇，花园口洪峰流量达 32 000 立方米每秒，12 天洪量 120 亿立方米，武陟、荥泽、阳武、祥符、兰阳同时决口达 15 处之多。中牟杨桥黄河决口口门宽数百丈，大溜直趋贾鲁河，激荡的黄河水一泻千里，下游变成泽国，灾情十分严重，史称"杨桥决口"。九月一日开始堵口，十一月合龙堵复。堵筑修建埽工，形成杨桥险工。乾隆委派钦差大臣、内阁大学士刘统勋，河南巡抚胡宝泉等火速赶往杨桥，勘察洪水灾情，指挥堵塞决口。面对宽达 200 多丈的决口口门，他们勘察地势后决定使用"捆厢进占法"，即从坝头两端相向捆埽进占，留出龙门口，最后进行合龙。历时两个月昼夜施工，黄河决口合龙，朝廷耗费黄金30万两。乾隆得知中牟杨桥黄河决口堵复，颁旨在堵口工地旁修建河神祠一座，并亲题《河神祠碑记》和杨桥合龙御制诗三首，以庆黄河决口合龙。

人民治黄以后，对该险工进行了三次加高帮宽改建加固，工程防洪能力逐渐加强。但由于常年靠河和着溜，水流上提下挫，时有横河、斜河现象发生，频繁生险。1974年，杨桥险工20号坝发生重大险情，多处坦石坍塌，滑坡不断，经过连续45天奋力抢险，才使工程转危为安。1977年8月8日，花园口站洪峰流量10700立方米每秒洪水进入中牟河段，杨桥险工19～27坝靠大边溜，造成19坝上、下跨角坍塌下蛰10余米入水，20号坝下蛰30余米入水，中牟黄河修防段及时组织人员完成抢险。

1990年马渡下延工程修建后，杨桥险工逐步脱河，1993年至今常年不靠河。为提高工程抗洪能力，2001—2005年对该险工进行改建。

万滩险工

万滩险工西起杨桥险工下首，东至赵口险工上首，有坝 32 道，护岸 17 段，共计 49 个单位工程，工程长度 4849 米，裹护长 3402.73 米。

万滩险工始建于清雍正元年（1723 年），因大河猛涨漫溢，曾造成万滩险工十里店、娄庄两处决口。

1977 年 8 月 8 日，花园口站洪峰流量 10700 立方米每秒洪水进入中牟河段，万滩险工 35 坝到 58 坝共 17 道坝及 3 段护岸相继坍塌下蛰，经奋力抢护，转危为安。

1990 年 7 月，改建万滩险工 35 ～ 44 坝、50 ～ 54 坝（包括 4 段护岸，共计 19 道坝护岸），35 坝全部退坦加高，50、51、52 坝及两道护岸加高。1991 年 7 月，整修 45 ～ 49 坝共 5 道坝，45 ～ 47 坝退坦加高。1992 年 7 月，修整 63 ～ 66 坝。1995 年 9 月，对 66 坝下护、对坝、护岸坦石坍塌下陷的地方进行整修。1999 年 5 月，改建 36 ～ 47 坝，坝顶高程按 2000 年 22000 立方米每秒设防水位超高 2 米。2003 年 7 月，改建 35 ～ 66 坝下护。2003—2004 年对该险工进行了加固改建。

赵口险工

赵口险工位于中牟县万滩险工下首，九堡险工上首，有坝28道，垛16座，护岸41段，共计85个单位工程，工程长度4457米，裹护长度5806.12米。

清乾隆七年（1742年），黄河涨水冲决中牟黄河堤坝，毁民居数万间，人畜死亡难计。同年，排洪筑堤，重修水利，形成赵口险工。

1938年6月，国民党政府为阻止日军西进，下令扒开黄河大堤以水代兵，扒掘黄河大堤的地点原本是选在花园口以东40千米处的中牟县赵口，但因赵口流沙太多，大堤没能扒开，另选在了花园口。

1988年，整修8～14坝。1993年3月，整修1～4坝（40+450处4道坝，3段护岸）。1994年10月，4坝下护～6坝下护（2道坝，3段护岸）进行根石平扣，口石翻修。1995年9月，整修1坝、1坝下护、2坝、2坝下护。1996年9月，7坝、7护由原结构毛坦改为干砌石，8、9、10坝口石改为混凝土整浇并对塌陷处整修。1998年3月，按险工标准接长、改建43、45坝，并改建14～24坝。2005年4月，改建1～13坝、25垛～32坝、36～38坝、42坝、49～74坝（40+373～44+675）。

赵口险工处河势宽浅散乱，游荡性大，经常出现斜河、横河现象。赵口险工的主要作用是抵御洪水淘刷堤防，是黄河右岸防洪的重要屏障。

九堡险工

九堡险工有丁坝32道、垛4座、护岸16段，共计52个单位工程，总长度4450米，裹护长度3533.51米。

1843年6月（清道光二十三年），九堡决口，位于大堤47～48千米处，同年8月进行堵口，至1845年堵口工程完成，形成九堡险工。

1984年8月16日，花园口流量2000立方米每秒左右，在九堡险工处形成南北横河，经及时抢护，险情得到控制。20世纪80年代后期，随着控导工程的修建，河势流路的调整，九堡险工在小流量时脱河。

1994年5月，整修九堡险工93～97坝。1995年4月，加高改建97坝下护～106坝，坝顶高91.5米，根石台高88.43米，投资36.94万元。1999年5月改建112～118坝。2003年9月，改建93～111坝。2005年4月，改建75～92坝，加固了坝基。

太平庄险工

太平庄险工又称太平庄防洪坝，位于中牟县黄河大堤段，工程长度 2293 米，现有 12 道防洪坝，裹护长度 1028.6 米，坝顶平均高程 88.64 米（黄海），是保护大堤安全的重要屏障。

工程始建于 1902 年。1986 年河势南移，逐渐靠近九堡—太平庄大堤。1989 年，河势在太平庄河道坐弯，主溜距大堤堤脚最近不足 300 米，有串沟顺堤行洪，高滩漫水，太平庄堤段受水流冲刷，当年新建 6 ~ 9 坝，2003 年对该 4 道坝进行了加高改建。2002 ~ 2003 年，新修 10 ~ 12 坝，由此形成了太平庄防洪坝工程。该工程全部是旱地挖槽修筑，基础浅，常年脱河。

黑岗口险工

黑岗口险工位于开封城西北，距开封城 15 千米，相应黄河右岸大堤桩号 74+100 ～ 79+795，有坝 36 道，垛 19 座，护岸 30 段，共计 85 个单位工程，工程长度 5695 米，裹护长度 4999 米。

黑岗口险工形成于明万历年间，工程依附大堤修建，随堤势形成上藏、下收、中突出的平面格局，属于较平顺的凸型工程。

历史上黑岗口险工段有三次决口。明崇祯九年（1636 年）河决黑岗，自此成为著名险工。明崇祯十五年（1642 年）李自成攻打开封，在黑岗口段决堤水灌开封城，大水由北门灌入后，"凡六七百里，尽成巨浸"，开封 37 万人存活者仅 3 万。清乾隆二十六年（1761 年），黄河再次在此决口，位置愈显重要。

现存坝岸最早建于清乾隆二年（1737年），又经嘉庆、道光、同治年间续建而成。民国时期，工程数量之多、位置之险均属黄河下游之最，但大部分工程秸埽残破，根浅、坡陡、残缺多，抗洪能力差。自清乾隆二年（1737年）以来，曾对黑岗口险工多次修建，累计形成坝36道，垛19座，护岸30段。

人民治黄以来，对黑岗口险工进行了多次加固、加高改建。2003—2005年对上段1～21坝、下段1～29，34～63坝进行了改建，改建后的工程提高了工程防洪标准，增强了工程抗洪能力。

2020年5月，经过两个多月的紧张施工，开封黄河黑岗口生态修复绿化景观工程项目完工。该项目以黄河大堤为界，北靠黄河，南邻黑池，占地面积32.3亩，入口处设置迎客松，中轴线以樱花、海棠形成花海景观，沿河设置有镇河铁犀、党史文化长廊、福桐、安澜石、观景亭、河势观测台等。既是开封黄河生态廊道的重要节点工程，也是一项集生态修复、防洪保安、水源保护、景观绿化、娱乐休闲、文化展示、科普研学、党性教育等多功能于一体的综合性工程。先后荣获党员教育实践基地、黄河中国文旅创新基地暨大学生实习实训基地、全国法治宣传教育基地等多项荣誉称号。

柳园口险工

柳园口险工位于开封城北水稻乡朱庄村东至柳园口乡大马庄村西，距开封市区 9 千米，有坝 28 道（含 39 坝 1～7 支坝）、垛 11 座、护岸 12 段，共计 51 个单位工程，工程长度 4287 米，裹护长度 4666 米。

柳园口险工始建于清道光二十一年（1841 年），当年黄河在开封张湾决口，洪水曾一度冲进开封城内，

形势十分危急。这时的林则徐正在遣戍途中，奉命堵复黄河决口，便在柳园口指挥抢险、堵口，历时 5 个月终于筑起了一道堤坝，就是如今的林公堤。柳园口险工经光绪年间、民国时期和新中国多次续建而成。

2011 年由于河势变化，大河在柳园口险工坐弯，造成该险工的 39 坝 1～4 支坝受

到洪水大溜顶冲，工程共发生险情 79 次，其中重大险情 13 次，出险总体积达 1.9 万立方米。为规顺河势流路、控制河势，防止大河顺堤行洪，确保滩区大马庄村和下游王庵控导工程安全，2012 年 11 月在 39 坝上续建了 5～7 支坝，连接 1～4 支坝，形成了柳园口 39 坝控导下延工程。同时，延长柳园口险工 36 坝（91 米），新建 35～1 坝，工程总长度

530 米。工程主体于 2013 年 6 月 10 日完工。

2004 年，开封黄河河务局创建的开封黄河柳园口水利风景区被水利部命名为第四批"国家水利风景区"。景区紧傍林公堤，总面积 630 亩，以情系黄河为主题，设置了摇篮景区、秋实景区、黄河颂景区、密林景区和水上乐园景区。通过造景体现出炎黄子孙对黄河的依恋之情和美好愿望，以柳园口现有的环境地貌为基础，以雕塑、展览馆、毛主席视察黄河纪念碑、镇河铁犀为主线，充分反映黄河文化和治河文化的内涵，借助园林艺术和人造景观、绿色魅力、黄河险工，把自然风光、娱乐景观和黄河风土人情巧妙地结合在一起。

东坝头险工

　　东坝头险工位于兰考县东坝头镇西，相应黄河右岸大堤桩号 137+750 ～ 139+263，有丁坝 1 道，垛 16 座，护岸 12 段，共计 29 个单位工程，工程长度 1513 米，裹护长度 1601 米。

　　东坝头地处九曲黄河最后一道弯的险要位置，历史上此地多次决口，最有名的铜瓦厢决口，结束了黄河七百余年夺淮入黄海的历史，转向东北夺大清河注入渤海。

　　改道前的铜瓦厢，原为一重要集镇，清咸丰五年（1855 年）黄河在此地决口改道后冲入河内，该地由左岸变为右岸，留下一段新河东岸堤头，故称东坝头。

　　该险工绝大部分工程是在 1949—1957 年，根据河势变化，经过不断抢险陆续修建起来的。后经 1993 年、1994 年、1997 年、2005 年多次加高改建，形成现在的工程规模。

毛泽东主席曾于 1952 年、1958 年两次到此视察，1952 年 10 月 30 日，毛主席亲临东坝头视察黄河，发出了"要把黄河的事情办好"的伟大号召；1958 年 8 月 7 日，毛主席再次乘专列来到兰考东坝头，视察黄河治理和农田水利基本建设，了解沿黄人民的生产生活情况。

2014 年 3 月 17 日，习近平总书记来到兰考东坝头考察黄河。

兰考黄河水利风景区立足"九曲黄河最后一道弯"的黄河东坝头河段，依托大河自然景观，结合水利工程设施、历史遗迹以及焦裕禄精神红色文化，建设"一园""一馆""两广场""十二景观"等景观景点（一园：1952 文化园；一馆：党史、军事博物馆；一广场：东坝头黄河文化广场；"十二景观"是在东坝头黄河文化广场内建成了"碑""亭""点""坝""屏""火车""步道""长廊""雕塑""党旗""文化墙""标志牌"十二大主题）。如今，兰考东坝头已成为集综合性科普教育基地、全

国法治宣传教育基地"河南黄河法治文化带"示范基地、水工程水文化融合展示基地、开封市中共党史教育示范点、焦裕禄干部学院现场教学点等多功能于一身的特色景区。

2021年12月，兰考黄河水利风景区成功创建国家级水利风景区。如今的东坝头险工已成为花园式工程，成为向世人昭示黄河精神和传播黄河文化的窗口。

杨庄险工

　　杨庄险工位于兰考县杨庄村附近，与东坝头险工下首首尾相接，相应黄河右岸大堤桩号139+464～140+491，有丁坝13道、护岸3段，共16个单位工程，顺堤长1027米，裹护长度868米。

　　杨庄险工始建于1949年，此前修有6道透水柳坝，1949年10月改建修做了7道坝，后经1951年、1952年扩建，共有坝13道、护岸3段；1987年改建了6～12坝；1994年将工程乱石护坡改建为平扣勾缝坦石护坡；2003年12月对该工程2～3坝、6～7坝、12～16坝进行了帮宽加高改建；2004年汛前对该工程2～3坝、6坝～7护岸、12～16坝进行了加高改建，改建后的坝顶高程为77.43～77.63米，改建后的工程结构为干砌勾缝护坡。由于该工程靠河时间短，根石深度较浅，一般在5～9米。

四明堂险工

四明堂险工位于兰考县四明堂村北，现有丁坝 18 道，垛 1 座，共 19 个单位工程，工程长度 2017 米，裹护长度 1440 米。

四明堂堤段曾在清光绪二十七年（1901 年）和民国二十二年（1933 年）决口两次，是有名的险要堤段。四明堂险工始建于 1955 年 7 月，当时仅修建了 11 道土坝基，其作用是防御洪水顺堤行洪，挑溜护堤。1974 年 8 月，因 10 坝与 11 坝之间坝距太长，于是在两坝之间加修了 8 道坝。1981 年 7 月对 1 ～ 18 坝又进行了加宽、加高、加长，并进行了散石裹护。2001 年 4 月，对 19 坝进行了加高改建，由原来的坝改建为人字形垛。2003 年汛后至 2004 年对该工程 1 ～ 5 坝、8 ～ 18 坝进行了加高帮宽改建。改建后的坝顶高程为 74.54 ～ 75.14 米，工程结构为平扣勾缝护坡。

黄庄险工

　　黄庄险工位于孟州市黄庄黄河大堤上，工程长度 370 米，裹护长度 387 米，现有 5 座垛和 5 段护岸，共计 10 个单位工程。

　　1985 年 9 月，由于对岸滩唇挑溜，大河在孟温边界坐弯，直冲黄河堤防黄庄堤段，全力抢护，形成黄庄险工。1985 年 10 月，主溜南移，险工脱河至今。

　　1987 年春，对工程进行整修，用石料 11633 立方米。2006 年再次整修，完成土方 2320 立方米、坦石平扣 1923 平方米、备防石整修 1920 立方米。2018 年又对 5 座垛和 5 段护岸进行了全面整修。

赵庄险工

赵庄险工位于黄河左岸武陟县赵庄境内大堤上,工程长度 6600 米,裹护长度 2237.2 米,现有坝 8 道、垛 27 座、护岸 1 段,共计 36 个单位工程。

据史料记载,清光绪十七年(1891),赵庄百姓为确保自身安全,迫使洪水南移,在滩沿修筑土石坝,由赵庄至东唐郭修坝 10 道,垛 45 座,并修土堤两道,后经逐年抢修加固。1933 年,黄河出现特大洪水,使工程坍塌生险,经奋力抢护后河势外移,工程转危为安。

人民治黄以来,对该险工进行整修。1958 年 7 月,黄河花园口站发生 22300 立方米每秒洪水,该段河势发生巨大变化,洪水直冲驾部、唐郭一带,险工曾出现较大险情。1973 年,驾部控导工程建成后,赵庄险工脱河。1986 年,对险工进行土坝基加高,但未进行坦石裹护。

2016 年,对该险工按照 1 级建筑物标准进行了改建。

刘村险工

刘村险工（原为唐郭险工）位于黄河左岸武陟县西唐郭至西余会间，工程长度 3747 米，裹护长度 1777.5 米，现有坝 24 道、垛 6 座，计 30 个单位工程。

该工程始建于 1816 年，在民堰的基础上逐步抢修而成。该工程修建后，因黄河主溜左右摆动频繁，该险工连年生险，经过当地群众奋力抢护河势外移才转危为安。据历史资料统计，至人民治黄前共修筑坝 23 道、垛 4 座。

人民治黄以来，对该险工进行整修。1958 年 7 月，黄河出现 22300 立方米每秒洪水，使该段河势发生巨大变化。对岸孤柏嘴主流下挫，主流直冲刘村险工。1973 年汛后，受孤柏嘴山湾挑溜的影响，黄河主流北移，塌滩严重，刘村险工随时可能靠河，由于及时修建了驾部控导工程，才改变了这种不利局面。1977 年汛期，黄河发生 10800 立方米每秒洪水，在驾部控导工程修建长度不够的情况下，黄河主流下挫，造成刘村险工滩区北溃塌滩。为了保证工程安全，1985 年，随着黄河堤防加培，新增坝 1 道、垛 2 座，并对其余工程进行了加高培厚，但未进行坦石裹护。

2016 年，对该险工按照 1 级建筑物标准进行了改建。

余会险工

余会险工位于武陟县北郭西余会至解封之间,工程长度4377米,裹护长度3624.7米,共有坝22道、垛9座、护岸3段,计34个单位工程。

光绪十七年（1891年），上游孤柏嘴洪水下挫，主流斜冲北岸拦黄堰，拦黄堰发生险情，故修建此险工，坝16道、垛18座。

1933年黄河发生特大洪水，主溜顶冲拦黄堰及所修坝垛，工程相继出险，特别是老12坝坍塌更为严重。

1973年，驾部控导工程的修建使黄河主溜南移，主河槽左右摆动得到控制，极大地减轻了洪水对余会险工的威胁。

1978年冬，结合堤防加高培厚，对该险工进行了加高改建，增强了工程的抗洪能力。

2016年，对该险工按照1级建筑物标准进行了改建。

花坡堤险工

　　花坡堤险工位于武陟黄河左岸余会险工下首，工程长度4100米，裹护长度4417米。现有坝2道、垛12座、护岸15段，计29个单位工程。

　　该险工始建于1933年，建有坝2道、垛11座、护岸15段。中华人民共和国成立以后又修建垛1座。1983年，进行了联坝加高，2000年，对该工程的坝、垛进行了改建。

曹岗险工

　　曹岗险工位于河南省封丘县曹岗镇，现有坝41道、垛26座、护岸38段，计105个单位工程，工程长度5260米，裹护长度5485米。

　　曹岗险工始建于清乾隆十八年（1753年），是黄河左岸现存并发挥效益的最早老险工，该河段因水势复杂多变，紧绕堤根，至此呈南北走向，形成横河，河水直冲堤坝，形成险中之险。

　　人民治黄以来，为完善该工程提高其抗洪能力，于1950年、1951年、1952年将全部工程帮宽加高，并增修坝5道（0、1、3、37、38坝），将大部分散石坝改为扣石坝、根石改为笼护。1954年以后部分坝、垛、护岸又改为砌石坦、笼护根。1976—1983年按超1983年设防水位标准全部进行了加高改建，并将部分垛、护岸进行了合并。

　　2000 年 5—6 月，对老化严重的 2 ~ 33 坝进行改建。2013 年汛前对 13-1 护岸、16-1 垛、16-2 垛、33-1 护岸、33-2 垛、33-3 护岸、33-4 垛、33-5 护岸及 34 坝进行改建加固。2015 年改建加固 39 道坝垛。

　　为宣传黄河文化、普及黄河知识、弘扬黄河精神，充分挖掘黄河文化内涵，2020 年，封丘河务局与封丘县政府精心打造了"曹岗黄河文化苑"，文化苑占地 15 万平方米，按照功能划分为临河的黄河风景观赏、堤顶的法律法规学习区、背河的黄河文化传承区三大板块，黄河风景观赏区位于险工坝垛，由景观石、曹岗险工简介牌、黄河防洪形势图版面、黄河概况、廉政教育专栏、安全围栏及警示标志等不同内容组成，以实景黄河工程展现治黄辉煌历程。法律法规学习区位于堤顶道路北侧，按"一道、三廊、四版、五景"

进行布局，使法律法规以通俗易懂的形式融合于美景之中。黄河文化传承区位于曹岗险工背河淤区，布局自西向东分为新乡黄河模型、治黄丰碑、普法教育、水利科普、曹岗黄河文化展示厅、魅力封丘等六个板块，由黄河流路模型多彩步道串联，步道两侧设置水利枢纽、省会城市等地标，以及历史治黄名人塑像、黄河险情及抢护影雕，曹岗黄河文化展示厅内不仅详细介绍了封丘黄河历史及相关治黄人物与事件，同时陈列有手硪、探照灯、独轮车等100余件抢险老物件。曹岗险工已成为全新的科普教育平台和展示封丘黄河文化的窗口。

青庄险工

青庄险工位于濮阳县渠村乡青庄村南,有18道坝、3座垛、8段护岸,共29个单位工程,工程长度2609米,裹护长度2476米,坝顶高程67.76～67.83米(黄海)。16～18坝为控导标准,坝顶高程为65.48米。

1946年黄河归故后,由于青庄滩岸不断坍塌后退,造成高村、南小堤、刘庄险工河势逐年下挫,以至脱河。1956年修建青庄护滩工程3座垛,1957年又修建3道坝。因这6道坝、垛未能起到有效控制河势的作用,于1959年废弃,工程改为险工,重新布局。当年汛前修建2～3坝、9～11坝,汛中修建1坝、4～8坝,还修建3～10坝6段护岸及垛1座。1960年续建12坝,1969年续建13～15坝,1983年修建12坝下护岸。1988年和1990年根据河势变化,为稳定和改善河势、保滩护堤,分别续建16坝、17坝和18坝(控导标准),1997年对16～18坝进行加高帮宽。2000年和2003年分别对1～2坝和3～15坝进行帮宽加高改建。2018年修建了19～20垛和1段护岸。

老大坝险工

　　老大坝险工位于濮阳县郎中乡前赵屯村南，工程长 150 米，有坝 1 道。

　　民国初年，青庄上首大河坐弯，导溜至高村险工上首，溜出高村险工后，直冲北岸司马集一带坐弯，司马集、安头两村落河，陈屯及坝头村前坐成大弯，为防止溜势冲堤生险，于 1915 年 9 月修大坝 1 道，亦即老大坝。1932 年大坝接长 1000 米，红砖护坡，故称红砖坝。

　　1933 年大水着溜将该坝冲断，以后即开始脱河。1946 年黄河归故后，老大坝于 1951 年着溜抢险，1952 年河势下挫，脱河至今。1973 年修建南上延控导工程后，老大坝险工只有在洪水漫滩时才偎水。

南小堤险工

南小堤险工，位于濮阳县习城集南，工程长度 3571 米，裹护长度 1986 米。工程平面布局为凹入型，有坝 27 道坝（24～27 坝为控导标准）、1 段护岸，共 28 个单位工程。

该险工始建于 1920 年，所在地为历史决口旧址，因在大堤南侧修小堤，故名南小堤。1915 年该处河势逐渐下挫，根据河势下延的趋势，于 1920 年首建第 3 坝。1935 年左右陆续修建 1～10 坝（秸料坝埽），其中 6～10 坝系一道婉延的龙尾坝。1935 年工程着溜生险，抢险后逐渐改为砖坝。1936 年，由于河势继续下挫，续建了 11～13 坝。1938 年，因花园口扒决，该河段不行河。

黄河归故前，旱工修筑 14 坝。1947 年黄河归故后，对 1～13 坝进行大规模整修加固。1949 年修建 10 坝下护岸。1951、1952 年将原有柳石坝及砖坝大部分改建为土石坝。1953 年续修 15～17 坝（后因兴建山东大坝而废除），1956 年修建 11 坝下护岸。1960 年（利用三门峡下闸蓄水时机）为对岸刘庄引黄闸引水，由山东省负责修建 18～24 坝支坝及 17～23 坝 7 段下护岸，故称"山东大坝"（也叫"截流大坝"），至 1962 年移交安阳黄河修防处管理。1960、1962 年，整修加固 15～17 坝及 11～12 坝下护岸。2007 年，对 6～16 坝按险工标准、17～23 坝按控导标准（高度仍为险工标准）改建。2008 年，将 24 坝改建为控导标准，并新修 25～27 坝（控导标准）。

吉庄险工

　　吉庄险工位于濮阳县王称堌乡吉庄村南，工程长度 726 米，裹护长度 140 米。平面布局为平顺型，共有坝 4 道。

　　该工程始建于 1964 年，未经过抢险加固，根基浅，御水抗冲刷能力差。1963 年对岸营房险工导溜，使吉庄村东严重塌滩。为达到与彭楼险工衔接成一弯道，既能起到防洪固堤作用，又有利于河道整治，于 1964 年汛期修建 4 道坝，1965 年 7 月将 1 坝、3 坝、4 坝前挖槽深 1 米，抛散石进行裹护。之后，两岸相继修建护滩工程固定险工溜势，主溜下挫至彭楼险工，吉庄险工从而脱河，仅在洪水漫滩时才靠河。

彭楼险工

彭楼险工，位于范县辛庄乡于庄、马棚村南，工程总长 3330 米，裹护长度 2920 米。工程平面布局为凹入型，现有坝 32 道，护岸 1 段，共 33 个单位工程。

该工程始建于 1962 年，是黄河下游河道整治规划中的一处工程，它上迎鄄城县营房险工来溜，下送溜于鄄城县梅庄、老宅庄、桑庄、芦井工程。

1962 年，由于右岸营房险工挑溜作用，大河顶冲彭楼河湾，滩岸迅速坍塌后退，威胁堤防安全，建 12 坝、13 坝 2 道护村坝。1963 年 3 月定为险工，建 1～6 坝。1964 年溜势下挫，8 月建 7～11 坝。1965 年主溜又下挫，5 月建 14～33 坝。1970 年修建 34～36 坝。1998 年 6 月对 22～30 坝联坝加高改建。2016 年对险工进行弯道改造，拆除 32～35 坝改为护岸。

桑庄险工

桑庄险工位于范县杨集乡西桑庄南，工程总长度1470米，裹护长度498米，原是大王庄险工的一部分，始建于1919年，现有12道坝。

1955年10月下旬，大王庄险工38坝、39坝靠溜出险，溜势上提下挫，险情向上下两头发展。为控制险情，在上首整修大王庄险工坝10道，下续建坝2道，共坝12道，工程长1220米。1957年7月，高村站流量12400立方米每秒，溜势外移。1958年大水过后脱河。

2011年对该工程进行裹护改建。2013年，对1～6坝和9～12坝按原标准、原规模、原功能重新修建，1～6坝、9坝和12坝平移修建丁坝长度为35米，10～11坝修建丁坝长度为40米，坝顶高程为53.87～53.71米。2015年10月竣工。

李桥险工

  李桥险工位于范县陈庄镇罗庄村南，工程为凹入型平面布局，有 25 道坝，长 2221 米，裹护总长 2503 米。

  1960 年，由于河在右岸大罗庄坐弯，主溜导向李桥，致使李桥河湾急剧坍塌至李桥村头，遂兴建李桥护滩工程 1～5 坝。1961 年，1 坝、2 坝被冲垮，李桥护滩工程被放弃。该河湾形成"S"形，河势上提，距大堤约 300 米，直接威胁堤防安全。1964—1990 年相继修建工程形成李桥险工。1994 年为改变该河段畸形河势，在险工上延兴建李桥控导工程。2000 年，李桥险工调整平面布置，填平中间陡弯，削短下部长坝，使工程整体上趋于合理。由于李桥险工坝顶高程、宽度、坝头形式等形态各异且标准较低，现状坝顶高程在 56.29～58.24 米，低于设防标准 0.24～2.27 米，根石台高程低于设计标准 0.62～1.42 米，防洪能力严重不足，于 2008 年对 36～61 坝进行了加高、加固。

　　2013 年，全国水利行业首席技师林喜才工作室在范县李桥险工创建，依托该工程科普文化景观设施的条件优势，工作室的堤坝实训模型、技术技能图板和治黄老器具等又融入了大量的黄河文化水利科普元素，"黄河范县李桥险工"被河南省水利协会认定批复为河南省水利科普教育基地。2020 年，该工作室被黄河工会命名为"黄委示范性劳模和技能人才创新工作室"。2021 年工作室完成提升扩建。新建的劳模创新工作室展馆建筑面积 558 平方米。展馆室内包括序厅、《黄河文明 悠悠华夏》《治河智慧 方略演变》《劳模精神 治河工匠》《实景体验 宣教一体》等篇章。工作室展馆融合河道修防技术、黄河文化为一体，宣传治黄精神，开展科普教育，保护、传承和弘扬黄河文化，讲好黄河故事，为"让黄河成为造福人民的幸福河"提供精神力量和技术支持。

邢庙险工

　　邢庙险工位于范县陈庄镇史楼村东南,工程平面布局为凹入型,共计 15 道坝,总长度 1810 米,裹护总长 1111 米。

　　该工程是 1950 年在原史王廖险工和邢庙险工的基础上修建的,与李桥险工形成一弯道,上迎对岸芦井等工程来溜,下送溜于对岸郭集控导等工程。史王廖险工始建于清代光绪年间。据《再续行水全鉴》记载,宣统三年(1911 年)濮县北岸临黄民埝的廖桥 4 坝之第 4 埽平蛰入水,牵动 5、7 两埽,形势岌岌,立即催上秸料补做整齐,并修筑挑水坝基 2 道。由于右岸滩地坐弯,不断变化,史王廖险工靠河不稳定,修守抢险持续 27 年,1938 年花园口扒决后该段河道不行河。

　　1947 年黄河归故后,濮县史王廖险工有坝 3 道,范县邢庙险工有坝 4 道,坝身短、低、残缺不全。人民治黄以来,于 1950—1954 年修建 12 坝。为控制河势洪水流路,1988 年和 1989 年对长度不足的坝进行接长。2016 年修建邢庙险工下延 13～15 坝,丁坝长 100 米,坝顶宽 15 米,裹护长度 273.3 米,坝顶高程 53.44 米,连坝长 324 米。

影唐险工

影唐险工位于台前县孙口乡孙口村南和打渔陈镇影唐村南，工程平面布局为凹入型，有坝11道、垛9座，计20个单位工程，总长度2020米，裹护长度1945.8米。

影唐险工属于历史老口门，黄河曾分别于1917年、1919年和1920年在此处决口。1947年黄河归故后，大河主流在右岸程那里险工下首钟那里和王老君村庄之间坐弯挑溜，致使1954年11月，大溜顶冲塌滩，影唐一带滩岸坍塌严重，威胁堤防，故修建柳石工盘头坝3道（11～13坝）抵御。1966年12月，上续建垛3座（8～10坝）。1967年7—9月，又根据河势变化修坝垛11道（1～7坝和4～7垛），后来4座垛被淤平。1969年7月，续建坝3道（14～16坝）。2000年，上延垛4座（-4～-1垛）。2013年，对10～16坝进行退坦帮宽改建。

台前黄河河务局将黄河工程与红色景区深度融合，于2007年在影唐险工处建成将军渡黄河水利风景区，建有刘邓大军强渡黄河纪念碑、纪念馆、连心桥、纪念广场、碑林等景点，打造了集爱国主义教育、红色文化、黄河文化为一体的水利风景区。相继建成了集"普法长廊""普法纪念馆""法治文化公园""法治文化广场""刘邓大军渡河纪念馆"五位一体的具有黄河特色、地域品牌的法治文化基地。

梁集险工

梁集险工位于台前县打渔陈镇梁集村东，工程平面布局为平顺型，有坝6道，总长度800米，裹护长度156米，坝顶高程为49.11～48.73米。

1959～1962年，河势由龙湾导流直冲梁集至邢同一带，塌滩宽300～600米，距堤仅150米。为防冲堤生险，于1962年4月修坝4道（3～6坝），前头挖槽抛石护坡。1963年7月上续1坝、2坝。2011年，整修、加固（裹护）1～6坝。

后店子险工

后店子险工始建于 1962 年 4 月，位于台前县夹河乡黄口村东，工程平面布局为平顺型，有坝 3 道，总长度 400 米，裹护长度 180 米。

1961 年 10 月，洪水主溜自西南斜趋东北林坝至前店子之间下泄，直冲堤湾凸处（大堤桩号 181+000），堤根冲刷 0.4 米，为防止大洪水顺堤行洪，危及堤防，于 1962 年 4 月修建后店子险工，修坝 3 道。

张堂险工

　　张堂险工位于台前县吴坝镇张堂村南,工程平面布局为凹入型,共有 8 道坝,总长度 910 米,裹护长度 1016 米。

　　20 世纪 60 年代,由于河势发生变化,左岸滩地坍塌严重,黄河在该处形成弯道,紧靠堤防行洪,对堤防造成很大威胁。1968 年 11 月,修建护岸工程 1 段(8 坝),长 390 米。1972 年 5 月,按护滩工程标准建 1 ～ 7 坝。后经整修加高,于 1979 年改为险工。1998 年,对 1 ～ 6 坝进行土工布护胎、坝面平扣等改建加固。

石桥险工

石桥险工位于台前县吴坝镇石桥村北，工程平面布局为凹入型，共有坝3道、垛10座，计13个工程单位，总长度1300米，裹护长度771米。

1952年对岸大洪口村上河势坐弯，产生横河，溜势顶冲石桥村，威胁堤防。为护滩保堤，1953年6月在村东侧修建柳石垛8座，修守持续5年。1957年7月22日，孙口站出现11600立方米每秒洪峰，流量大，水位高，大洪口与徐把士之间过水，冲深刷宽，夺溜自然裁弯，流势直趋陶城铺险工，石桥工程脱河。1959—1962年，徐把士一带塌滩后退坐弯，又产生横河，顶冲石桥工程下头，威胁堤身。1963年8月，修坝3道抵御。

对岸徐把士弯愈掏愈深，使石桥工程溜势上提，1967年6月续建垛2座，又修守持续5年。1967年8月、9月，孙口站曾发生6720立方米每秒、7200立方米每秒洪峰两次，将徐把士村黏土滩嘴冲掉，再次自然裁弯，主溜顺右岸直趋陶城铺险工，石桥险工脱河至今。

第四章
滚河防护工程

滚河防护工程又称防护坝工程。由于黄河含沙量大，河南下游河道在中小洪水时主槽发生淤积，洪水漫滩时泥沙首先在滩唇淤积且量大，而远离滩唇的部位淤积逐渐减少。泥沙的不均衡淤积，形成槽高、滩低、堤根洼的"二级悬河"河床形态，部分河段表现突出。若遇大洪水，因滩面横比降较纵比降陡，主流极易大幅度摆动，发生滚河，水流直冲堤防平工段（非险工段），顺堤行洪，严重危及堤防安全。为防止大洪水出现滚河，顺堤行洪冲刷堤身、堤根，在有顺堤行洪的堤防平工段、偎堤走溜处修建丁坝防护工程，挑溜御水，保护堤防安全。截至 2020 年，工程共有 95 处，坝 390 道，分布在开封兰考，焦作武陟，新乡原阳、封丘、长垣和濮阳县、台前等 7 县（市）境内。

兰考滚河防护工程

　　兰考滚河防护工程也称四明堂防护坝工程，位于兰考县东坝头镇高寨村至谷营镇袁寨村，工程始建于1999年，工程长9642米，现有20道坝。

　　兰考东坝头以下黄河河道是1855年铜瓦厢决口形成的，堤根低洼，河槽高于右岸临河堤脚1.5～3.0米，"二级悬河"形势突出，滩面有串沟通向堤防。杨庄险工以下，大堤临河柳荫地外有一条顺堤低洼地带堤河。历史上四明堂堤段曾于1901年、1933年两次决口，1975年8月曾发生可能使该堤段顺堤行洪的河势。根据上述情况，为防止滚河发生，保护大堤，消除险点、险段，1999年修建防护坝20道。

武陟滚河防护工程

武陟滚河防护工程位于武陟县黄河大堤段，由白马泉、御坝、秦厂等3处滚河防护工程构成，现有7道坝。

白马泉滚河防护工程有坝4道，土坝基始建于清代，1980年加培改建。

御坝有坝2道，土坝基始建于清代雍正年间。乾隆十一年（1747年）秋，御坝出险，经抢护后，工程得以巩固。1980年加培改建，2003年汛前对两坝进行了帮宽加培。

秦厂滚河防护工程有坝1道，始建于清代，1974年培高加厚，1976年进行坝头抛散石裹护。主要作用是防止顺堤行洪，冲刷大堤，确保黄河堤防安全。

原阳滚河防护工程

　　原阳滚河防护工程位于原阳黄河大堤段，由姚村南、王村、胡窑、荒庄、孟庄、李庄、前孟庄、李屋、大董庄、车庄、后马庄、前宋庄、胡庄、骆驼湾、堤头、夹堤、刘庄、三里庄、黄寺、三合庄、柳园、小刘固、圈堤里、大刘固、板张庄、何庄、小海庄、冯庄、娄谷堆、庄寨西北、娄谷堆东、庄寨、夹滩、时庄、奶奶庙、张寨、安庄、越石、越石坝上、小赵庄、小大宾西、薛大宾、雁李、祥符朱闸、焦庄、大王庄、南王庄、十六堡、毕张、介庄、桃园、张素庄等52处工程构成，共有坝数106道，其主要作用是遏制黄河顺堤行洪，防止滚河冲刷大堤，确保黄河堤防安全。

封丘滚河防护工程

    封丘滚河防护工程位于封丘县黄河大堤段,由于店、荆隆宫、三姓庄、祥符二坝、李七寨、祥符三坝、陈桥、三合村、蒋占等9处防护工程构成,共有坝数78道。其主要作用是遏制黄河顺堤行洪,防止滚河冲刷大堤,确保黄河堤防安全。

长垣滚河防护工程

　　长垣滚河防护工程位于长垣市大车至濮阳王窑长达 42.764 千米的临黄堤段。根据 1987 年黄河防洪规划，共修建梁寨、了墙、刘堤、信寨、杨桥、香里张、纸房、孟岗、刘寨、埝南、石头庄、埝北、小苏庄、西李、桑园、朱小寨、前小渠一坝、瓦屋寨、曹店等共 19 处防滚河工程，现有防洪坝 126 道，其主要作用是遏制黄河洪水沿天然文岩渠顺堤行洪，防止滚河冲刷大堤，确保黄河堤防安全。

濮阳县滚河防护工程

濮阳滚河防护工程位于濮阳县黄河大堤段，由长村里、张李屯、杜寨、北习、抗堤口、高寨、后辛庄、温庄、吉庄等9处工程构成，共有坝41道，其主要作用是遏制黄河顺堤行洪，防止滚河冲刷大堤，保护黄河堤防安全。

台前滚河防护工程

台前滚河防护工程位于台前县清水河乡路庄村南和侯庙镇前付楼村南，即刘楼—毛河防护坝工程，修建于2009年，现有坝5道，平面布局为平顺型，总长度5340米，裹护长度912米，坝顶高程为 54.76 ~ 54.00 米。该段堤防属于顺堤行洪段。为防止大洪水漫滩发生滚河，顺堤行洪，冲刷堤防，于2009汛前修建该工程。

第五章

控导工程

新中国成立以来，黄河下游防洪按照"宽河固堤"的格局，从20世纪60年代起，实施了大规模河道整治工程建设，控导河势、规范流路、防止洪水主流直接顶冲大堤，为滩区群众生产、生活防洪安全提供了有力保障。河道整治工程是由部分险工和控导护滩工程共同组成的河道整治工程体系。

　　控导工程从性质上分为控导和护滩两种功能。控导工程是为约束主流摆动范围，引导主流沿规划（设计）治导线下泄，护滩保堤，在滩岸上修建的丁坝、垛、护岸等防护导流工程；护滩工程是为防止塌滩，保护村庄，在滩岸或滩区村庄边修建的防护工程，对堤防防洪也起到一定的减压作用。截至2020年，河南黄沁河建有控导护滩工程98处，坝、垛、护岸2631处。

高家庄护滩工程

　　高家庄护滩工程位于西霞院水库下游，孟津区白鹤镇霞院村北侧。目前工程长 900 米，垛 8 座、护岸 6 段，共 14 个单位工程。

　　1996 年汛期，该处护滩靠溜吃紧，抢修 5 座垛，汛后加固并修建 4 段护岸。1997 年汛前在已有工程基础上进行续建，共修有 8 座垛，5 段护岸，工程长 600 米。2016 年对工程进行了改建。

白鹤控导工程

　　白鹤控导工程位于洛阳市孟津区白鹤镇，黄河右岸小浪底坝址下18千米处，是黄河下游河道整治的第一处节点控导工程。现有丁坝9道、垛2座，计11个单位工程，工程总长980米。

　　工程始建于1946年，当时有河涧坝、渡口坝2道、垛2座。该工程列入河道整治的节点工程后，为控导河势，于1997年修建了8～9坝，1998年修建了1～4坝，1999年对原有的河涧坝、渡口坝及6～7垛进行了整修。2016年洛阳市310国道至吉利黄河公路特大桥防洪影响补救措施工程安排下延修建了白鹤控导工程10坝。

　　工程上迎西霞院工程来溜，下送至白坡工程，历年靠河较紧，整治效果明显。其防御标准为修筑时当地流量5000立方米每秒。

铁炉护滩工程

　　铁炉护滩工程位于洛阳市孟津区会盟镇铁炉村，现有丁坝 2 道，工程总长 500 米。

　　该工程修建于 1649 年，当时黄河泛滥，附近村庄和滩地屡次被冲，该工程的修建主要作用是护滩保村。工程于 1957 年冲毁，1958 年被抄后路，1964 年由国家适当补助在原有工程基础上修建丁坝 2 道，2000 年汛前对 2 坝进行整修加固。

花园镇控导工程

花园镇控导工程位于洛阳市孟津区会盟镇东良村正北，小浪底坝址下 39 千米处，现有丁坝 29 道、垛 2 座，共 31 个单位工程，工程总长 3900 米。

该工程始建于 1964 年，原属民办公助工程。1975 年工程全部脱河，1987 年 21 坝开始靠河，由于工程下首靠河，导流无力，致使下游对岸开仪工程常年脱河，为此，自 1988 年开始对工程进行续建。1988 年修建 23、24 坝，同年接管地方修建的 22 坝；1989 年 20 坝靠河，又续建 26 坝，同年接管由地方修建的 25 坝；1990 年续建 28 坝，同年接管地方修建的 27 坝；1991 年又续建 29 坝；2007 年对工程进行全面改建，2016 年对连坝顶道路进行硬化。现工程导流理想，达到了整治目的，其防御标准为修筑时当地流量 5000 立方米每秒。

工程上迎逯村工程来溜，下送至开仪工程。

赵沟控导工程

赵沟控导工程始建于 1974 年，位于巩义市康店镇赵沟村北，距巩义市区 17 千米。现有坝 37 道、垛 4 座，计 41 个工程单位，工程总长 4610 米，裹护长 4490 米。

1978 年前该工程属地方自建自管工程，有单位工程 16 个（3 垛～15 坝），工程标准较低。1978 年交由巩义河务局管理，而后逐步对原工程进行整修，又续建上延和下延工程。工程上迎对岸开仪控导工程来溜，下送溜至对岸化工控导工程。规划工程长 4610 米，弯道半径从 1563 米转至 1950 米。

该工程大多坝、垛经过洪水考验，多次生险抢护和根石加固，基础相对稳定。只有 16～18 坝基础较浅，且未经洪水考验，遇洪水极易发生险情。

裴峪控导工程

裴峪控导工程始建于 1974 年，位于巩义市康店镇裴峪村北，距巩义市区 12 千米。工程现有丁坝 39 道，工程长度 4134 米，裹护长度 4186 米。

1978 年前该工程属地方自建自管工程，有丁坝 10 道（7～16坝），工程标准较低。工程上迎对岸化工控导工程来溜，下送溜至对岸大玉兰控导工程。1978 年交由巩义黄河河务局管理，而后逐步对原工程进行整修改建，又续建上延工程和下延工程，新做坝 29 道。

神堤控导工程

　　神堤控导工程始建于 1974 年，位于巩义市河洛镇神北村北，距巩义市区 13 千米。现有丁坝 21 道、垛 10 座，计 31 个工程单位，工程长度 2879 米，裹护长度 4088 米。

　　1978 年前该工程属地方自建自管工程，有丁坝 16 道（8～23 坝），工程标准较低。1978 年交由巩义黄河河务局管理，而后逐步对原工程进行整修改建，又续建上延工程和下延工程，新做坝垛 15 道。

　　该工程处在黄河重要支流伊洛河的入黄口，上迎对岸大玉兰控导工程来溜，下送溜至对岸张王庄控导工程，具有控导黄河河势流路和疏导伊洛河顺利入黄的作用。

枣树沟控导工程

枣树沟控导工程始建于 1999 年，位于荥阳市高村乡境内，现有丁坝 28 道、垛 21 座、护岸 15 段，共 64 个单位工程，工程长度 5911 米，裹护长度 5096.5 米。

工程上迎对岸驾部控导工程来溜，下送溜到对岸东安控导工程。

桃花峪控导工程

桃花峪控导工程始建于 1999 年，位于黄河中下游分界处，荥阳市广武镇境内，后临霸王城，右邻邙山提灌站、郑州黄河游览区。现有丁坝 50 道，工程长度 5310 米，裹护长度 4450.5 米。

1999 年，由于黄河主河道南移，主流猛烈冲刷邙山根部，山体不断坍塌、滑坡，见证楚汉争雄的汉霸二王城遗址岌岌可危。为了保护附近村民人身财产安全以及汉霸二王城文化遗址，在地方政府紧急呼吁下，由国家投资、郑州黄河河务局承建的桃花峪控导工程应运而生。桃花峪控导工程的修建，有效地减轻了河势变化对该段滩区农业生产带来的危害，也有力保护了汉霸二王城遗址，使得承载了历史文化和民族精神的古迹得以保存。

2001 年，在桃花峪控导工程竣工之后，荥阳市政府就在广武山上修建了"黄河中下游分界碑"这一标志性建筑，分界碑碑高 21 米（意为 21 世纪），四面玲珑旋梯连接，外部呈 H 形（意示"黄河"汉语拼音首个字母），基座高 2 米，周围由台阶玉栏护侍。

工程上迎东安控导工程来溜，下送溜至老田庵控导工程。

保合寨控导工程

保合寨控导工程位于惠济区保和寨村北 1500 米处的黄河高滩上，现有丁坝 41 道，工程长度 4100 米，裹护长度 3708 米。

该工程始建于 1992 年，工程修筑时均为旱坝，采用泥浆泵挖槽，多种材料沉排。自修建以后，1～33 坝未经洪水考验，根基较浅，遇洪水极易生险。34～41 坝经历几次洪水考验，多次出险抢护，根基较深。

工程上迎对岸老田庵控导工程来溜、下送溜至对岸马庄控导工程。

东大坝下延控导工程

东大坝下延控导工程位于惠济区花园口险工东侧,现有丁坝8道,潜坝500米,工程长度1500米,裹护长度1000米。

该工程始建于1984年,在花园口险工东大坝生根。该工程均为传统水中进占坝,根石基础深度在8米左右。修建后,曾多年靠河着溜,几经抢险,基础相对稳定。工程上迎对岸马庄控导工程来溜,下送溜至对岸双井控导工程。

1985年9月17日,花园口水文站出现8100立方米每秒洪峰流量。由于北岸大桥施工土体的影响,大河流量80%靠在南岸。9月20日凌晨3时,东大坝下延控导工程新5坝迎水面到坝头长60米、宽16米全部蛰入水中。9月21日22时,4坝下跨角背水面由于回流淘刷,导致从坝头向后连同坝基冲失。10月11日17时,3坝上跨角至坝头由于出现近45度角的斜河,走失37米。另外,2坝、5坝也都出现了较严重的险情。险情发生后,河南省、黄委、河南黄河河务局、郑州市等领导和当地防汛指挥部领导坐镇指挥,参加抢险人数达1200多人,其中解放军和总参电子学院600多人。经过45天的艰苦奋战,用柳石搂厢进占,抛枕护根,并首次使用装载机抛石,最终控制了险情。抢险共用石料13424立方米、柳料217万千克,抢险费用92.14万元。

马渡下延控导工程

　　马渡下延控导工程位于金水区马渡村北侧，现有丁坝 21 道，潜坝 600 米，工程长度 2700 米，裹护长度 2628 米。

　　该工程始建于 1990 年，在马渡险工 85 坝生根。该工程采取几种不同的进占施工方法，即传统埽工法、抛投块石法、长管袋褥垫冲砂水中进占法等。根石基础深度在 8 米左右。2016 年接 106 坝向下续建潜坝 500 米，内部为散抛石，表层为铅丝石笼结构。

　　工程上迎对岸双井控导工程来溜，下送溜至对岸武庄控导工程。修建后，常年靠河着溜，导流效果明显，几经抢险加固和加高改建，基础相对稳定。

赵口控导工程

赵口控导工程位于中牟赵口村北侧，现有丁坝 14 道，工程长度 1680 米，裹护长度 1363 米。

该工程始建于 1998 年，在赵口险工 45 坝生根。该工程均为传统水中进占坝，根石基础深度在 8 米左右。修建后，常年靠河着溜，导流效果明显，1～8 坝几经抢险加固，基础相对稳定。9～14 坝未经洪水考验，基础较浅，遇洪水极易出险。

工程上迎对岸武庄控导工程来溜，下送溜至对岸毛庵控导工程。

九堡控导工程

　　九堡控导工程位于中牟九堡村北侧，现有丁坝 30 道，潜坝 500 米，工程长度 3062 米，裹护长度 4513 米。

　　该工程始建于 1986 年，在九堡险工 118 坝生根。该工程多为传统水中进占坝，126～134 坝为铅丝笼沉排坝。工程修建后，119～134 坝曾多年靠河着溜，经多次抢险加固，基础相对稳定；135～148 坝基本未经洪水考验，基础较浅，遇洪水极易出险。2019 年 11 月，九堡下延续建 500 米潜坝完成主体工程及附属工程。

　　工程上迎对岸毛庵控导工程来溜，下送溜至对岸三官庙控导工程。

韦滩控导工程

　　韦滩控导工程始建于 1999 年，位于中牟县狼城岗镇韦滩村北 4 千米处。工程长度 6000 米，60 道坝（60 个单位工程），工程结构为钢筋混凝土透水桩坝，设计桩径 0.8 米，桩中心距 1.1 米，净间距 0.3 米，桩长 29 米，沿桩顶横向设有 0.8 米宽的梁盖，背河侧另设 1.2 米宽的悬臂板。

　　工程上迎三官庙控导工程来溜，下送溜至大张庄控导工程。

黑岗口上延控导工程

　　黑岗口上延控导工程位于开封市城乡一体化示范区水稻乡小庄村北滩区内,现有丁坝 −3 ~ 23 坝共 26 道,联坝 2600 米,裹护长度 2831 米。

　　1995 年 12 月初修建 16 ~ 20 坝。1996 年,"96·8"洪水时工程全部漫顶,联坝、防汛路多处冲断,1996 年底至 1997 年汛前进行恢复,并修筑 21、22 坝两道。1997 年续建了 23 坝,同时加高改建 16 ~ 22 坝。2008 年汛前修建了 8 ~ 15 坝。2009 年汛前,主流在黑岗口上延控导工程上首坐弯,大溜顶冲 8 坝联坝背水侧,8 ~ 9 坝联坝背河及 8 坝非裹护段出险,同时壅水导致水稻乡杨桥、回回寨滩区进水,威胁到滩区群众安全。为保障黑岗口上延已建工程和滩区群众安全,2010 年汛前修建了黑岗口上延工程 −3 ~ 7 坝。

黑岗口下延控导工程

黑岗口下延控导工程上与黑岗口险工 41 坝相接，现有丁坝 13 道，工程总长 1300 米，裹护长度 1266 米。

1998 年汛后修建 1 ~ 3 坝，1999 年汛前修建 4 ~ 6 坝，汛后修建 7 ~ 9 坝。2006 年 10 月至 2007 年 5 月修建了 10 ~ 11 坝。2007 年 1—5 月修建了 12 ~ 13 坝。1 ~ 3 坝坝长分别为 100 米、140.50 米、172.5 米，4 ~ 13 坝坝长 100 米。

黑岗口下延控导工程和黑岗口险工、黑岗口上延工程共同形成一个导流弯道，上迎托大张庄方向的来溜，并将来溜下送至对岸顺河街工程。随着黑岗口下延控导工程的不断完善，该工程在稳定黑岗口河段河势中将发挥重大作用。

高朱庄工程

　　高朱庄工程位于开封市城乡一体化示范区水稻乡高庄与朱庄之间，分高庄控导和高朱庄控导两部分，统称高朱庄工程。高庄控导现有垛 8 座，工程长度 800 米，裹护长度 519 米；高朱庄护滩工程现有坝 2 道、垛 12 座、护岸 1 段，工程长度 2400 米，裹护长度 1138 米。高朱庄控导及护滩工程共 23 个单位工程。

　　高朱庄工程自 1952 年 5 月建坝至 1993 年靠河着溜，因河势变化，1994 年至今该工程脱河。高庄控导是 1993 年 9 月 15 日，河势在对岸顺河街东南坐弯，大溜顶冲高庄上下 800 多米的平工堤段，为确保大堤安全，抢修 8 座柳石垛。2004 年在原来的基础上对高庄 1～8 垛进行了改建，为乱石粗排结构。

王庵控导工程

王庵控导工程位于开封市祥符区袁坊乡王庵村北，上距柳园口险工 5 千米，下距府君寺 7.5 千米。工程现有 46 道坝、9 座垛，工程总长度 5990 米，裹护长度 5310 米，共计 55 个单位工程。工程分属开封第一黄河河务局（管辖长度 2430 米，丁坝 16 道，垛 9 座）和开封第二黄河河务局（管辖长度 3560 米，丁坝 30 道）。

王庵控导工程所处河段是典型的游荡性河段，且是黄河下游重点治理河段。开封第一黄河河务局管辖 -25 ～ -30 垛、-14 垛～ 5 坝，开封第二黄河河务局管辖 6 ～ 35 坝位。

2005 年 10 月 8 日，受畸形河势影响，王庵控导工程出现较大险情，威胁开封县黄河滩区内民众的生命财产安全。为控制险情，黄河防办认真研究制订了"就地抢护，控制塌滩，对岸切滩，导流王庵"抢护方案，成立王庵控导工程重大险情领导小组，提出具体切滩导流方案，同时及时调控小浪底水库下泄流量配合工程施工。河南黄河河务局调集濮阳、郑州、新乡、焦作等精锐施工力量两千余人参与会战。10 月 19 日，王庵河段切滩导流爆破通水，至 10 月 22 日过水流量达 1600 立方米每秒，分流比为 70%，引河宽度从通水时的 100 米扩展至 300 米，切滩导流获得成功，原主河道逐渐萎缩，王庵不利河势得到缓解。

王庵控导工程迎托对岸大宫方向来溜后，下送溜至古城控导工程，是黄河下游河道整治规划的重要节点工程。

府君寺控导工程

　　府君寺控导工程始建于 1958 年，位于开封市祥符区袁坊乡王段庄至府君寺，现有坝 19 道，垛 22 座，工程总长度 3418 米，裹护长度 3397.5 米，计 41 个单位工程。

　　为了控制河槽宽浅散乱，减少主溜摆动范围，保护开封县高滩村庄安全和农业生产，1958 年修建 9 道坝（垛），1959—1991 年续建 30 座垛。2006 年为完善府君寺弯道段和送溜段，提高工程导流送溜能力，对该工程 10 ～ 16 坝、23 ～ 29 坝进行了改建。

　　该工程 1 ～ 29 坝、垛修建时均是顺高滩沿旱地施工，1966 年以前，12 ～ 29 坝、垛均发生过大的险情，此后的 30 年内仍然险情不断，当前根石深度 13 ～ 18 米。12 坝以上各坝基础较浅，上延 1 ～ 12 垛是在大河坐弯后形成的嫩滩上施工。

欧坦控导工程

  欧坦控导工程位于开封市祥符区刘店乡欧坦村北，现有坝26道、垛14座、护岸10段，工程总长度5566米，裹护长度4541.5米，共计50个单位工程。

  该工程1978年11月开始兴建。为了控制稳定府君寺至东坝头河段的河势，保证三义寨引黄闸门供水，保护滩区村庄和耕地兴建该处工程，当年修建联坝长3650米，修筑丁坝15道（12～26坝）。1979—2008年续建丁坝11道、垛14座，护岸10段。

夹河滩护滩工程

　　该夹河滩护滩工程位于兰考县三义寨乡夹河滩和丁圪当两村的高滩唇上,现有坝 10 道、垛 12 座、护岸 12 段,工程总长度 3466 米,裹护长度 2595 米,共计 34 个工程单位。

　　该工程始建于 1933 年,上迎贯台工程来溜,下托溜至东坝头控导工程。自 1964 年修建东坝头控导工程后,两处工程连为一体,形成河流弯道。1999 年,为防止塌滩,保护村庄,修建了 +4 坝,与 +3 坝、+2 坝及 1 垛成直线。1999 年汛前对 1 座垛～ 10 段护岸进行了加高改建。2002 年对 11 座垛～ 21 段护岸进行了加高改建。

东坝头控导工程

  东坝头控导工程位于兰考县东坝头河湾中，现有丁坝 14 道，工程长度 2625 米，裹护长度 2988 米。

  为了防止东坝头险工上首河势上提，坐弯坍塌，威胁堤防和兰坝铁路的安全，减轻洪水对封丘禅房工程和贯孟堤的威胁，于 1964 年在夹河滩工程以下，兴建了东坝头控导工程，计 6 道丁坝和联坝。1970 年在工程上首修建了新 1 坝，又于 1990 年和 1991 年下延 4 道丁坝。2002 年汛后，由于河势下挫，造成东坝头控导下首与险工上首之间坐弯坍塌。2003 年 3 月，河势坍塌至防汛路，部分路基坍入水中，经批准紧急抢修了东坝头控导下延 11～13 坝，经受了"03·8"洪水的考验。

  该工程自建成后从未脱河，多年来各坝都不同程度出现过险情，通过对险情的抢护及近年来工程根石加固，1～3 坝、6～13 坝根石较为稳定，根石深度一般在 9～11 米，最深为 13 米。

蔡集控导工程

蔡集控导工程位于兰考县谷营乡姚寨村西，和东明县王夹堤控导工程连为一体，现有丁坝 54 道，工程总长 6700 米，裹护长度 5094 米。

工程原总体规划联坝长 4600 米，丁坝 46 道，于 1979 年 12 月开始施工修建，建成联坝 800 米，丁坝 8 道，坝顶高程为当地 5000 立方米每秒水位高出 1 米。该工程修筑时为旱地工程，1995 年以来，由于受禅房工程下延的影响，蔡集控导工程开始靠河着溜，随着河势不断上提，蔡集控导工程连续上延。截至 2003 年汛前，共修建丁坝 35 道，联坝 3500 米。2003 年 8 月洪水过后，河势仍在不断上提，先后于 2004、2005 年修建蔡集控导工程 54～62 坝。2007 年，又修建了 49～53 坝。蔡集控导工程上首滩岸不断坍塌，河势逐年上提，2011 年 6 月至 2016 年，靠至蔡集控导工程最上首 62 坝，并在工程上首坐弯。为控制蔡集控导工程不利河势，在蔡集 62 坝上首直线上延，修建了 63～65 坝。

　　2003年9月12日至20日，黄河兰考段蔡集控导工程长时间遭受洪水冲刷和畸形河势影响，控导工程34坝附近渠堤决口，导致山东、河南黄河滩区100多个村庄的10多万群众被洪水围困。灾情发生后，在党中央、国务院和河南省委、省政府以及黄委领导高度重视下，经过河南河务部门、部队官兵、当地干部群众昼夜奋战，共抢险315坝次，用石31600立方米，蔡集控导工程险情得到基本控制。10月28日至11月14日，在河南省防指领导下，1500名部队官兵、河南黄河河务局300余名技术骨干、近万名沿黄群众参加了滩区口门堵复战役，经过7个昼夜连续苦战，强堵口门成功，险情得到完全控制，持续一个多月黄河兰考段抗洪抢险取得了决定性胜利。

　　蔡集工程上承封丘禅房控导工程来溜，下送溜至长垣县大溜寺控导工程，对控制河势，护滩保堤，保护低滩区村庄安全起着重要作用。

坡头护滩工程

坡头护滩工程位于济源市坡头镇，该处工程主要为护岸1段，工程总长度731米。该处工程建设于2007年，坝面结构为平扣石结构，坝面坡度为1：2，厚度30厘米。于2009年4月移交济源黄河河务局管理。

白坡控导工程

　　白坡控导工程位于洛阳市孟津区北岸白坡村，小浪底坝址下黄河左岸20千米处。现有丁坝12道、堵串坝1道、潜坝1道，共14个单位工程，裹护长度1440米，工程总长1400米。

　　该工程始建于1969年，原有堵串坝1道。1998年为进一步控导河势、保护滩地及吉利石化厂黄河滩水源地安全，修建完成了1～12丁坝，1999年为遏制堵串坝上首滩地坍塌坐弯，修建潜坝1道。2014年自筹资金对联坝顶道路进行了硬化。该工程靠溜稳定、控导河势、保护滩地作用显著。

　　工程上迎白鹤工程来溜，下送溜至铁谢险工。

南陈护滩工程

南陈护滩工程位于洛阳市孟津区北岸南陈村，黄河左岸西霞院坝址下约1千米处，现有垛5座，工程长度605米，裹护长度304米。

该工程始建于1997年，主要是保护滩地和村庄安全，2017年对工程进行了专项整修。

逯村控导工程

逯村控导工程位于黄河左岸孟州市，小浪底坝址下游约 32 千米处，现有丁坝 51 道，工程总长 5960 米，裹护长度 5696 米。

该工程始建于 1971 年 11 月，经过 20 多年的续建、加固，多数丁坝根石都较稳固。自"96·8"洪水后，河势发生了较大变化，1997 年只有 25 坝以下工程靠河，1998 年只有 34 坝以下工程靠河，近年来 27 坝以下靠河，整个工程脱河严重，迎送溜能力大大减弱。

工程上迎右岸铁谢工程来溜，下送溜至花园镇工程。

开仪控导工程

开仪控导工程位于孟州市，上距逯村工程 7 千米，现有拐头丁坝 37 道、垛 14 座，护岸 14 段，工程总长 5190 米，裹护长度 5132 米，共 65 个单位工程。

开仪工程始建于 1974 年 10 月，一次性修建 26 道坝，1982 年上延续建 4 座垛，1989—1991 年下延续建 4 道坝，1995—1997 年又修建 33 ～ 37 坝和上延 5 ～ 14 垛，现有拐头丁坝 37 道，垛 14 座，护岸 14 段，工程总长 5190 米。1995 年被列为温孟滩移民安置区临黄防护工程。防洪标准为防御当地流量 4000 立方米每秒洪水，发挥着控导河势，护滩保堤，保护滩区移民安置区安全的作用。

工程上迎花园镇工程来溜，下送溜至赵沟工程。

依托开仪控导工程建设的黄河文化苑，全长 1860 米，占地面积约 0.25 平方千米，文化苑展现了高雅的诗词歌赋、名篇佳句以及朴实的谚语民谣、乡间小调，此外，在文化苑还可以体会到对治黄策略的解读，对治黄技术的展现。

孟州开仪黄河文化苑 2008 年 9 月 23 日经水利部批准为第八批国家级水利风景区；2009 年被列为孟州市爱国主义教育基地；2012 年被黄委命名为"廉政文化建设示范点"；2017 年被列为黄河首家省级水利科普教育基地；2018 年成功承办共青团河南省委、黄河水利委员会等单位共同开展的"保护母亲河 青年在行动"——"河小青"志愿服务暨水法宣传活动，至此黄河文化苑成为河南省首家"河小青"志愿服务基地和焦作青年志愿服务基地；2020 年设立"黄河流域焦作生态环境司法保护基地"，也是全省首个黄河流域生态环境司法保护基地；以砌石护坡教学场地为基础，建成党员示范教学基地并入选首批黄河水利基层党建示范带"党员教育基地"；入选全国法治宣传教育基地"河南黄河法治文化带"示范基地、"黄委首批法治文化示范基地"，被河南河务局命名为"黄河文化传承基地"，2021 年 6 月被河南河务局评为"黄河文化融合示范工程"。

化工控导工程

　　化工控导工程位于孟州市，距开仪工程约 4 千米，现工程共有丁坝 51 道，连坝总长 6070 米，裹护长度 5899 米。

　　该工程始建于 1970 年 3 月，原有丁坝 28 道、垛 7 座。1994 年根据《温孟滩移民安置区修改补充设计》要求，原有的 7 座垛暂不考虑使用，从 1 坝开始对其上延 10 道圆头丁坝，向下延续 5 道坝至 33 坝。1999 年 5 月为进一步稳定河势，控导主溜，达到较好地送溜至裴峪流段的目的，又续建化工 34 坝、35 坝。2007 年汛前又续建了 36 ～ 38 坝。2013 年 5 月，续建 3 道坝至 41 坝。

　　工程上迎赵沟工程来溜，下送溜至裴峪工程。

大玉兰控导工程

大玉兰控导工程位于温县祥云镇南 5 千米处，现有坝 52 道、垛 8 座、护岸 8 段，计 68 个单位工程，裹护长度 6175 米，总长度 6420 米。

该工程始建于 1974 年冬，1992 年完成整治节点工程 37 道坝。由于小浪底移民工程需要，1994—1999 年又续建了 38 ~ 41 坝与上延 1 ~ 8 坝和 1 ~ 8 垛。2008 年对 37 ~ 40 坝进行了改建，同时废除了 41 坝，2013 年续建了 41 ~ 44 坝。1995 年被列为温孟滩移民安置区临黄防护工程。

工程上迎裴峪山湾来溜，下送溜至神堤控导工程，是河道整治的节点工程之一。

张王庄控导工程

　　张王庄控导工程位于黄河左岸温县，上距温孟滩移民东防护堤5.5千米、北距新蟒河3.0千米处，现有丁坝8道，长800米；灌注桩坝50道，长5000米。共计58个单位工程，工程总长5800米。

　　该工程始建于1999年12月，工程长800米，有丁坝8道，其中23坝为土工网笼沉排，22坝、24坝为铅丝网笼沉排，25～29坝为长管袋水中进占坝。张王庄控导工程建成后，河势南移，造成工程常年不靠河，2006年9月，治导线向南移400余米，新修了张王庄灌注桩坝，工程长4600米，坝46道（46个单位工程），设计水位采用2000年4000立方米每秒流量相应水位，坝顶高程106.84～106.34米，主要施工内容为灌注桩造孔、钢筋笼制作、水下混凝土浇筑、钢筋及钢构件加工、柱板混凝土以及标志桩制作、植柳橛等。2016年，张王庄灌注桩控导工程续建工程长度400米。

驾部控导工程

驾部控导工程位于黄河左岸武陟县，现有丁坝45道、垛13座、护岸12段，共70个单位工程，工程总长度为6370米，裹护长度6872米。

1973年冬，孤柏嘴以上山湾坐河，引起北岸赵庄、西岩、东岩一带严重塌滩，呈现黄蟒汇流顺堤行洪之势。为控制河势北移，当年一次安设丁坝5道、垛2座。根据河势变化，分别于1974—2012年续建40道坝、11座垛、12段护岸。

工程修建后，为控制河势流向、缩窄河道、导流护滩起到了重要的作用，基本上改变了历史上孤柏嘴以下的游荡性河势局面，同时发挥了极大的社会效益和经济效益。

工程上接孤柏嘴以上山湾来溜，送溜至枣树沟控导工程。

东安控导工程

　　黄河东安控导工程位于黄河下游枣树沟至桃花峪河道的北岸，黄河左岸焦作市武陟县北郭、嘉应观两乡境内。该工程由河南黄河勘测设计研究院设计，2000—2016年先后6期完成6864米，其中6714米工程结构为钢筋混凝土灌注桩坝，计68道坝（68个单位工程），完成钢筋混凝土灌注桩5750个，混凝土7.7万立方米；150米为传统土石结构坝。

　　其中2000年修建500米，相应桩号为44～48；2001年修建1500米，相应桩号为29～43；2006年修建2748米，相应桩号为1～28；2012年修建1000米，相应桩号为49～58。为遏制不利河势发展和大面积塌滩，确保工程安全，在东安控导上首约1千米

处修建了 150 米土石结构坝；2016 年上延修建 966 米，相应桩号为 -10 ～ 1，将东安控导桩坝与土石结构坝相连接。

东安控导工程为复合弯道工程，1 ～ 48 坝设计流量为当地 5000 立方米每秒，设计水位 99.32 米，坝顶高程为 99.32 米；49 ～ 58 坝设计标准为当地 4000 立方米每秒，设计水位 98.59 米，坝顶高程为 98.59 米；-1 ～ -10 坝设计流量 4000 立方米每秒，设计水位 98.05 米，坝顶高程为 98.05 米。

其作用如下：一是避免主溜北移塌滩，直接威胁黄河堤防；二是削弱黄河洪水对沁河洪水的直接顶托，保证沁河顺利泄洪，避免给沁河堤防造成威胁；三是确保主溜平顺进入桃花峪，提高郑州市城市引水供水保证率。

该工程上迎枣树沟控导工程来溜，下送溜桃花峪控导工程。

老田庵控导工程

　　老田庵控导工程位于黄河北岸武陟县，郑州京广铁路桥北铁路基与北围堤交汇处，始建于1990年，现有圆头丁坝35道、垛7座、护岸1段，共计43个单位工程，工程长度4500米，裹护长度4203.5米。

　　1990年冬兴建黄河老田庵控导工程，当年建垛7座、丁坝5道，1991年续建6～10坝，1992年续建11～14坝，1993年续建15～17坝，1994年续建18～20坝，1995年续建21～22坝，1996年续建23～25坝，2006年续建26～30坝，2011年续建31坝，郑焦铁路桥补偿工程修建护岸1段，2013年续建32～35坝。"96·8"洪水后，1997年对老田庵控导工程11～25坝进行了加高改建，坝顶加高0.5米。

　　老田庵控导工程的建成，对控制河段河势流路、束窄游荡范围、护滩保堤起到了极其重要的作用，基本上控制了京广铁路桥至花园口段的河势，同时保护了8万余亩滩区耕地，具有显著的农业经济效益和社会效益。

　　工程上迎桃花峪控导工程来溜，下送溜至保合寨控导工程。

姚旗营护岸

　　姚旗营护岸位于武陟沁河口至黄河老铁路桥间，清光绪二十七年（1901年）黄河铁路桥建成后，为保路基，沿滩修石堤一道，后改为姚旗营护滩工程。该工程1955年、1956年靠河，进行两次整修，用石0.51万立方米。据记载，当时用火车运石抛筑，根石较深，1958年大水时漫水偎堤。洪水过后，姚旗营护岸工程前出现起伏沙丘，后因河床淤积抬高掩埋于地下。

北围堤护滩工程

北围堤护滩工程原是花园口枢纽工程左侧围堤，工程上连铁路桥隔堤，下与原阳县交界，现有坝 10 道、垛 34 座、护岸 35 段，共 79 个单位工程，工程总长 7840 米，裹护长 2820 米。

北围堤是花园口枢纽工程的左侧围堤，建成于 1960 年。1963 年花园口枢纽工程闭闸破坝泄洪后，成为武陟、原阳临黄堤的前卫工程，工程全长 9.696 千米，其中武陟辖区内 7.84 千米。

由于历次抢险，此堤分为三段：0 + 000 ～ 4 + 348 为平工段，4 + 348 ～ 6 + 600 为新险工段，6 + 650 处为幸福闸，6 + 650 ～ 7 + 840 为老险工段。老险工段为 1964—1968 年间兴建，计有坝 10 道、垛 3 座、护岸 6 段，新险工段为 1983 年大抢险及 1984 年续建，共计垛 31 座、护岸 29 段。新老险工共计 3371 米，裹护长 2682 米。截至 1992 年底，累计用石 53823 立方米，柳料 1516 万千克，铅丝 43337 千克，工日 23 万个，总投资 348 万元。

新险工抢修时最大水深14米，根石均较深。

　　1983年8月10日，武陟黄河北围堤发生了一次重大险情，这一险情可谓是中华人民共和国成立以来河南黄河（乃至整个黄河下游）所发生的最大险情。之所以称其为"大抢险"，从5个方面予以体现：一是出险工段长，一次出险堤段长达1772米。二是抢险时间长，连续抢护达53个昼夜。三是投入人力多，先后动员军民日上工达几千人参加抢护。四是采用的施修方法多，根据旱工、水工、溜势、水深及设备等情况，采用了柳石枕铺底枕上搂厢、柳石搂厢、柳石滚厢、捆扎大懒枕、散放柳枕堆等形式，各种家伙桩如单头人、双头人、三星、五指、羊角、鸡爪、七星、九连环、蚰蜒爪子、十三太保等。五是抢险用料多，计用柳杂料1500万千克，石料3万余立方米，铅丝44吨，麻料333吨。

马庄控导工程

　　马庄控导工程位于平原新区桥北乡马庄村西南黄河滩地上，现有丁坝 19 道（含潜坝 1 道）、垛 33 座，共 52 个单位工程，工程全长 5358 米（含控制堤长 1100 米），裹护长度 3955 米。

　　马庄控导工程始建于 1968 年 6 月，多次续建。1968 年 6 月修建 1～7 垛，1970 年 6 月，根据河势变化和防洪需要续建 8～27 垛，1972 年 7 月续建了 01 垛，1973 年 7 月续建 1～8 坝、02～04 垛，1974 年续建 9～10 坝、05～06 垛，1975 年修建了 11～12 坝；1981 年为增大工程的导流能力，又续建了 13～18 坝；1990 年根据规划和满足洪水期安全下泄，修建 100 米潜坝；为进一步控制主流，提高花园口闸引水能力，2000 年又续建潜坝 100 米。

　　马庄控导工程主要是控导主溜，稳定河势，保滩护堤，为防洪提供安全保障。

双井控导工程

双井控导工程位于原阳县韩董庄乡双井村南，现有丁坝49道（其中7坝、24坝、31坝为混凝土灌注桩坝，其他坝垛为土石结构），垛2座，共51个单位工程，工程全长8722米（含控制堤长2820米），裹护长度5237米。

该工程始建于1968年12月初，当时黄河主流靠在花园口险工折冲北岸双井滩地，仅十天时间，滩岸坍塌后退约1500米，其位置距原设计的治导线控制工程以上1500米左右。如不及时加以防护，冬春两季将会失去双井控导工程布设坝位的基础，滩区群众的生产也会受到较大影响，当年紧急修筑完成1～15垛。

根据河势变化和防洪需要不断续建，1974年3月及12月二期续建1～30坝，其中7坝、24坝为混凝土灌注桩坝，其余为拐头丁坝；1980年续建31坝（混凝土灌注桩坝），1987年下续32～33丁坝2道；1992年由于河势上提，上延修01～02垛；1995年由于河势上提，上延修03～04垛；1997年由于河势上提，上延05-014垛；2009年拆除1～4坝、1～15垛、01～012垛，修建新1～新4坝，上延修−16～−1坝。

双井上迎托花园口之来溜、导溜至马渡，是重要的节点工程。

武庄控导工程

　　武庄控导工程位于原阳县官厂乡黄练集村南1.5千米处，现有丁坝10道，垛30座，共40个单位工程，沉排护岸1082米，工程长度4132米，裹护长度4529米。

　　该工程始建于1995年5月，修建1～5坝，护岸250米；1996年建护岸150米，1997年汛前对1～5丁坝、联坝及400米护岸进行加高，1998年建护岸200米，2001年建护岸482米；2002年因河势变化有抄工程后路之危险，抢修21～30垛；2006年新建11～20垛、6～10坝；2012年修建1～10垛。

　　武庄控导工程的主要作用是控导主溜，稳定流势，护滩保堤。

毛庵控导工程

　　毛庵控导工程位于原阳县靳堂乡毛庵村南 2 千米。现有丁坝 37 道,护岸 1 段 60 米,共 38 个单位工程,工程长 3560 米,裹护长度 4018 米。

　　该工程始建于 1999 年 5 月,修建 1 ~ 5 坝;2000 年续建 20 ~ 27 坝,2001 年续建 28 ~ 30 坝,2006 年新修 6 ~ 19 坝、31 ~ 35 坝,2016 年修建 36 ~ 37 坝。工程为土石结构。

　　毛庵控导工程上迎对岸赵口之来溜,送溜于九堡,控导主溜、稳定河势、护滩保村,是下游河道整治中的重要节点工程。

三官庙控导工程

　　三官庙控导工程位于原阳县郭庄乡三官庙村至黑石村南，现有丁坝52道，工程长度5200米，裹护长度5647米。

　　该工程始建于1998年5月，修建了16～20坝。1999年续建11～15、21～30圆头丁坝15道，2001年续建1～10、31、32圆头丁坝12道。2009年三官庙工程前出现"S"形畸形河势，下游仁村堤护滩工程靠溜且不断上提，严重威胁村庄安全，当年新修水中进占工程33～38坝。2010年新修水中进占工程39～42坝，2016年上延修−1～−10坝。

　　三官庙控导工程的主要作用是控导主溜，稳定河势，护滩保堤，为防洪提供安全保障。

大张庄控导工程

大张庄控导工程位于原阳县陡门乡徐庄村至大张庄村南,现有丁坝22道,垛7座,护岸1段,共30个单位工程,工程全长4301米,裹护长度4960米。

该工程始建于1958年5月,修建柳石垛3座。1960年将3垛改接为土坝2道。1969年在原工程上首增建下挑拐头丁坝3道(老1、2、3坝),1978年汛期,修建垛4座。为改善下游河势和黑岗口险工的靠溜点,1983年黄委拟定了以老一坝和老三垛为控制线修联坝1900米,布设丁坝15道。1990年从老三垛以下续建了4~7垛,1991年作为填湾工程修建了14、15坝,1994年作为填湾工程修建了4、5坝,1997年根据防洪需要和黄委《关于提高黄河下游控导护滩工程设计标准的通知》的精神,对4、5、14、15、1~3、6~13坝,1~7垛进行了退坦加高。2008年上延-1护岸、-2坝~-8坝。

大张庄控导工程的主要作用是在设计来水条件下,控导主溜,稳定河势,减少冲决大堤的机会,为防洪提供安全保障。

顺河街控导工程

顺河街控导工程位于封丘县荆隆宫乡低滩内，现有丁坝 31 道、潜坝 6 道，护岸 1 段，共 38 个单位工程，工程联坝总长 3430 米，

裹护长度 4300 米，潜坝 600 米。

　　该工程始建于 1998 年，后经多次续建。1998 年 5 月修建 26 ~ 30 坝，1999 年汛后续建 24 ~ 25 坝和 31 坝，并修建潜坝长 300 米，为长管袋铅丝笼沉排结构。2000 年汛前续建 19 ~ 23 坝，2001 年汛前续建 14 ~ 18 坝。2002 年小浪底调水调沙期间工程相继靠溜出险，2003 年河势上提，14、16 坝出现了重大险情，经批准，抢修了 9 ~ 13 丁坝，2004 年 10 月抢修工程全部完工。2007 年修建 1 ~ 8 坝，并续建潜坝 300 米，潜坝共修建完成 600 米，即 32 ~ 37 坝 6 道坝。

　　顺河街工程修建，完善了大张庄至大宫河段的河道整治工程。

大宫控导工程

大宫控导工程位于封丘县原汴新路基南端下游滩区，现有丁坝 36 道，垛 8 座，护岸 8 段，共 52 个单位工程，工程总长 4815 米，裹护长度 4890 米。

1985 年 6 月新修 1 ~ 12 坝，1990 年续建 13 ~ 21 坝，1991 年续建 22 ~ 26 坝，1992 年续建 27 ~ 28 坝，1993 年续建 29 ~ 30 坝，2000 年续建 31 ~ 34 坝。1997 年加高 1 ~ 30 坝。

2003 年汛期，花园口站流量 2500 立方米每秒持续时间常，大河坐弯于工程上首，造成大宫工程上首塌滩严重，经批准，在工程上首抢修了 −1、0 坝，−1 ~ −8 垛。工程修建起控制河势，稳定流路，保滩护堤的作用。

2005 年 9 月下旬，受黄河中游来水影响，河南黄河大宫至王庵河段早期形成的"S"形畸形河势不断向南、向东迅猛扩展，至 10 月上旬深入王庵控导联坝背部，形成更为不利的"Ω"形畸形河势，对控导工程以及滩区邻近村庄形成吞噬之势。面对严峻形势，黄河防总及时做出决策，河南河务局紧急行动，科学调度，在地方各级党委、政府的配合下，固守王庵，借助小浪底水库适时调控，精心组织 2000 余人展开了切滩导流会战，借开挖引河之势引黄河主流北移两千米，成功化解了王庵险情，开创了黄河上首次大规模实施切滩导流成功的先例。

大宫控导工程上迎柳园口之来溜，下送溜至对岸王庵工程。

古城控导工程

　　古城工程位于封丘县临黄堤南古城村边，现有丁坝 26 道、垛 20 座、护岸 8 段，共 54 个单位工程，工程长度 3863 米，裹护长度 3835 米。

　　该工程原是护村工程，始建于 1930 年。1949 年前仅有垛 7 座（9～15 垛），且残缺不全。1950—1985 年随河势变化，抢修垛 20 座、护岸 8 段。1989—1995 年汛后根据河道整体规划原则，在工程下游按控导工程标准续建丁坝 16 道。2006—2007 年修建 17～26 坝。经过历年的抢险、整修加固，达到现在标准。

　　该处工程上迎王庵工程来溜，下送溜至府君寺工程，主要起防洪保堤、控导河势、护滩作用。

贯台控导工程

　　贯台工程位于封丘县贯台村南，现有垛 46 座，护岸 36 段，共 82 个单位工程，工程长度 4663 米，裹护长度 3731 米。

　　1949 年抢修护滩 21 垛；1950 年抢修护滩 18 ～ 20 垛；1951 年抢修护滩 15 ～ 17 垛；1952 年抢修护滩 14 垛；1953 年抢修护滩 13 垛；1954 年抢修护滩 9 ～ 12 垛；1955 年抢修护滩 7 ～ 8 垛；1957 年抢修护滩 6 垛；1959 年抢修护滩 3 ～ 5 垛；1962 年抢修护滩 1 ～ 2 垛；1970 年抢修控导 1 ～ 15 垛。2016 年新修 0 ～ 9 垛，改建 10 ～ 21 垛。

　　工程作用：控制河势，稳定流路，保村护农田。

禅房控导工程

　　禅房控导工程位于黄河北岸封丘县碾庄村东，工程现有丁坝
39 道，联坝长度 4575 米，裹护长度 4864 米。是东坝头以下河道
整治的主要节点工程，也是黄河由西向东折向东北转弯后的第一处
河道整治工程。

　　该工程始建于 1972 年，当年修建控导堤 2450 米，后经四次续
建和两次加高而成。该工程 1 ~ 4、6 ~ 7、9 ~ 11、13 ~ 20 坝为
拐头坝，其余为圆头坝。工程设计流量为修筑时当地 5000 立方米
每秒。

　　该工程修建后经历多次大的抢险。1976 年 7 月至 8 月底，因
连续出现 5000 立方米每秒以上洪水，13、14 坝因大溜顶冲，坝
裆发生环流，联坝淘刷塌透而走失，抢险历时 90 天方转危为安。
1985 年 9 月 17 日，花园口流量 5600 立方米每秒洪水到达禅房，
由于主溜在该工程前 500 米处坐弯，形成倒 "S" 形河势，直冲工
程下首，使 21、23 ~ 26 坝相继出险，抢险历时 70 天控制了险情。

　　禅房控导工程上迎东坝头工程来溜，下送溜至对岸蔡集控导工
程，对控制河势，稳定流路，保障滩区和贯孟堤安全，起到了重要
作用。

曹岗控导工程

　　曹岗控导工程位于黄河北岸新乡市封丘县曹岗乡，北接曹岗险工，工程生根于曹岗险工 33 坝。工程现有丁坝 23 道，工程长度 2300 米，襄护长度 2165 米。

　　由于曹岗险工是对历史老险工加高改建而成，工程沿堤线平顺布设，挑流能力弱，其下游的李庄镇张庄村多年频繁塌岸，严重影响到滩区群众的安全。为有效地控导该段河势流路，2007 年在曹岗险工 33 坝生根修建了曹岗控导工程 1 ~ 18 坝，2013 年又续建 19 ~ 23 坝。

　　工程上迎府君寺控导工程来溜，下送溜至欧坦控导工程，是河道整治规划中的重要节点工程。

大留寺控导工程

　　大留寺控导工程位于长垣市大留寺滩区，共有50道坝，工程总长度6006米，裹护长度4950米，工程是禅房下游、长垣境内的第一处节点工程，也是东坝头以下左岸防滚河措施之一。

　　该工程始建于1974年5月，修建拐头丁坝24道（1～24坝），联坝顶宽7米，1978年汛前下续拐头丁坝13道（25～37坝），1987年下续圆头丁坝2道（38～39坝）。1987年10月至12月将1～39坝的联坝顶宽帮至15米，1999年汛前对1～39坝进行帮宽加高，1999年汛后续建圆头丁坝6道（40～45坝），2002年下续圆头丁坝5道（46～50坝）。工程为土石结构。

　　该工程所处河段河道宽，主流摆动频繁且幅度大，工程修建具有以下作用：一是控导主溜，稳定河势；二是防止大洪水时发生滚河顺堤行洪，减少洪水对大堤的威胁；三是护滩保村，保障滩区安全，有利于滩区生产。

周营上延控导工程

　　周营上延控导工程位于长垣市芦岗乡后马占东 1.5 千米处，黄河下游东坝头至高村河段左岸，现有丁坝 17 道，工程长度 1915 米，裹护长度 1711 米。

　　该工程始建于 1974 年 5 月，当年修建 1 ～ 7 坝。1975 年、1976 年、1979 年分别修建丁坝 1 道、2 道、1 道，之后三年各续建坝 2 道，至 1982 年工程完工。2000 年汛前对工程全部进行了加高，坝顶高程为 68.33 ～ 70.50 米（黄海高程），联坝顶宽为 10 米，丁坝顶宽为 15 米。

　　该工程是在新店集工程送溜部位没有实现原设计目的情况下提出修建的。与周营控导工程联结为一个完整的弯道，以迎东明县新店集工程的来溜，防止流势进入杨坝以上的死湾后顺马占串沟行洪，直冲临黄大堤。该工程自修建后，经过 20 余年的运用，在控导河势、防止串沟引溜和滚河顺堤行洪等方面，发挥了较好地作用。

　　周营上延控导工程处在长垣黄河水利风景区的核心位置，地理位置优越，人员流动大。该区域以黄河文化、地域文化、治黄科普、法治宣传、廉政宣传为主题进行黄河文化传播和法治宣传，打造了兼具廉政教育、文化展示、生态休闲功能的复合型普法园地和黄河文化主题公园，较好地提升了水利工程的文化品位和内涵。

周营控导工程

　　周营控导工程位于长垣市芦岗乡周营村东 1.5 千米处，黄河下游东坝头至高村河段左岸，现有坝 43 道，工程长度 4870 米，裹护长度 4730 米。

　　周营控导工程是长垣的老工程，该工程 1 坝为 1934 年长垣冯楼堵口工程杨耿坝，此坝由杨庆坤和耿高升两人的姓氏组成。此二人为民国时期两名普通河兵，参与长垣民众堵复冯楼黄河决口口门时，不幸以身殉职。

　　1959 年在周营修了三组 10 道坝，至 1966 年续修建成 19 道

坝，1970年在杨耿坝
至郑占修了18道坝，
1971年老坝接长和填
挡，又修6道。现工
程联坝长达4870米，
共有43道坝，形成
完善的周营控导工程
体系。

　　自该工程修建后，常年靠河，在控导河势、适应上游工程的
来溜和送溜于对岸、护滩保村等各方面都发挥了应有的作用。

榆林控导工程

榆林控导工程是长垣境内最下游一处由护堤保村改为控导溜势的工程，现有坝44道，控导总长度5179米，裹护长度4289米。

由于河势变化，1973年大河在对岸杨坝以上坐弯，老君堂和长垣东榆林形成新湾，9月初洪水时大溜顶冲榆林东南塌岸加剧，直接威胁滩区群众生产、生活和村庄的安全。为了防止大河顺杨小寨串沟改道行洪和保护榆林、旧城等几个村庄，抢修了1~5坝，随后修了6~18坝的土坝基，至1988年共修建坝26道（1~26坝）。1999—2002年又下续21道坝。

该工程自修建以来，经历了1982年等几次洪水，主流没有大的变化，对控导河势，护滩保村，防止顺串沟过流行洪等发挥了重要作用。

工程上迎对岸老君堂工程来溜，送溜于宝城工程。

新乡黄河护摊工程

　　新乡市境内的原阳县、封丘县、长垣市有地方政府或群众自行修建的黄河护滩护岸工程有 20 处，较为重要的护滩工程为原阳县黑石、仁村堤、三教堂等三处护滩工程。

　　黑石护滩工程始建于 1957 年，现有垛 32 座，护岸 1 段，工程长度 3349 米。仁村堤护滩工程始建于 1973 年，现有垛 8 座，工程长度 470 米。三教堂护滩工程始建于 1968 年，现有垛 9 座，工程长度 665 米。

　　工程主要作用是保滩固堤，保护村庄和下游滩地，维护防洪安全。

三合村控导工程

　　三合村控导工程始建于 1995 年，位于濮阳县渠村乡三合村东，距青庄险工上首 2 千米处，现有坝 25 道，其中 14 ~ 16 坝为钢筋混凝土透水桩坝，工程总长 2454 米，裹护长 2081 米。

　　山东省堡城险工至濮阳县青庄险工直河段长达 10 千米，河势变化较大。从 1991 年开始，青庄险工河势逐渐上提，至 1993 年河势上提至三合村东并开始坐弯，到 1995 年滩岸坍塌到三合村小学处（1 间房屋落河），坍塌长度约 2.5 千米，宽约 0.6 千米，坍塌土地约 150 公顷，直接威胁到村庄和学校安全。为改善三合村至青庄河势，护滩保村，经河务部门与地方政府协商，共同出资，于 1995 年冬修建控导工程 1 ~ 3 坝，2000 年汛前修建 -1 ~ -5 坝和 4 ~ 11 坝，2002 年续建 12 ~ 13 坝。2008 年采用钢筋混凝土透水桩坝结构又续建 14 ~ 16 坝。2016 年上延修建 4 道坝 -6 ~ -9 坝，增加工程长度 400 米。2009 ~ 2015 年，三合村工程处溜势外移，工程全部脱河。

　　该工程上迎对岸堡城工程来溜，下送溜于青庄险工。

南上延控导工程

南上延控导工程始建于1973年，位于濮阳县郎中乡安头村、赵屯村和马屯村南，现有丁坝41道、垛2座、护岸14段，计57个单位工程，工程长度4560米，裹护长度为3801米。

1973年前，由于濮阳县青庄险工上下无工程控制，河势不稳定，引起下游河势不断变化。1973年，对岸东明县高村险工河势上提，南小堤至安头村及南小堤以下新庄户村坍塌坐弯，引起南小堤、刘庄两处险工脱河。为控制河势，于1973年修建南小堤上延工程（简称南上延工程）10～21坝及10坝、11坝、13坝、16坝上护岸，1974年修建4～9坝、22～35坝及3坝、6坝、8坝、9坝上护岸，1978年修建1～3坝，1981年修建12坝、15坝、17坝、19坝上护岸。随着河势的不断上提，1992年、1993年在1坝上游上延修建−1坝、−2坝，1997年上延修建−3坝。1998年对−2～35坝进行帮宽加高，2003年又上延修建−4～−6坝。2021年上延工程−7～−8垛和两段护岸。

该工程上迎高村险工来溜，下送溜至南小堤、刘庄险工。经过近50年的整修、改建、抢险与加固，工程除新修坝垛外，其余坝体基础较深、抗冲刷能力比较强。

胡寨护滩工程

胡寨护滩工程位于濮阳县习城乡胡寨村南，现有丁坝 13 道，工程总长 1300 米，裹护长 177 米。

该工程为控制河势，护滩保村而建。1956 年，习城乡万寨、于林等村庄因滩岸坍塌而落河，并将于林一带滩面冲出多条串沟，其中较大的串沟有 3 条，当高村站流量超过 3000 立方米每秒时串沟可行船。到 1959 年汛前，河湾已发展成反"S"形，郑庄户至胡寨主流线弯曲率达 4.1。汛期，串沟过溜夺河，自然裁弯，大河经胡寨冲向对岸刘庄下首后郝寨。为此，为堵复串沟修建该工程 13 坝，1973 年修建 1 ~ 6 坝，1974 年修建 8 坝、9 坝，1975 年修建 7 坝、10 坝、11 坝、12 坝。

随着河势的变化，20 世纪 80 年代脱河。

连山寺控导上延工程

连山寺控导上延工程工程位于濮阳县梨园乡焦集村南，共有 10 座垛，10 段护岸，计 20 个单位工程，工程总长 980 米，裹护长度 1157 米。

2015 年 2 月以来，连山寺控导工程上游焦集村南滩地坍塌面积近 1000 亩，坍塌长度达到 2300 米，距焦集村最近处仅有 120 米，且大河主流在此有坐弯呈持续顶冲滩岸趋势。自 2015 年 4 月 15 日开始，地方政府和河务部门采用护岸与垛结合的方式，组织对连山寺控导工程上游侧滩岸坍塌段进行了临时应急抢护。2016 年，按照《黄河下游防洪工程初步设计报告》（2015 年 11 月）中安排的连山寺控导上延工程，对抢险段工程进行加固。当年 3 月 16 日开工建设，5 月 28 日完成主体工程，共修建 8 座垛（-4～4 垛），8 段护岸。

该工程上迎对岸刘庄险工来溜，与连山寺控导工程组合送溜至对岸苏泗庄上延工程，为河道整治的节点工程。

连山寺控导工程

　　连山寺控导工程位于濮阳县梨园乡连山寺村东北，现有丁坝
39道、护岸15段，计54个单位工程，工程总长度3018米，裹护
长3355米。

　　1962年以后，南小堤及对岸刘庄险工河势下挫，引起下游河
势变化，连山寺受大溜顶冲滩岸不断坍塌后退。至1964年11月，
连山寺村落河，到1965年南小堤河势仍继续下挫，导致连山寺至
王刀庄一带大溜顶冲、坐弯。1967年，为防止聂堌堆胶泥嘴坍塌
后退，稳定苏泗庄河势，根据河道治导线，抓住时机修建该工程
21～47坝。1968年修建46坝下护岸，1970年修建26～29坝、
35坝、36坝下护岸及34坝、35坝上护岸，1971年修建37坝下护岸，
1972年修建24坝下护岸，1973年修建16～20坝及22坝、23坝
下护岸，1976年修建9～15坝、30坝、45坝下护岸。1979年开
始按1983年防洪标准进行整修，1998年对40～47坝进行帮宽加高，
1999年汛前对9～22坝土坝基进行帮宽加高和裹护。

　　该工程上迎刘庄等险工来溜，下送溜于苏泗庄险工。

尹庄控导工程

尹庄控导工程位于濮阳县梨园乡尹庄东北，现有丁坝3道，护岸1段，计4个单位工程，工程总长度499米，裹护长597米。

1948～1958年，由于山东鄄城苏泗庄堤防险工的垂直挑流作用及逐年的河势变化，致使濮阳县滩区塌地数万亩，落河村庄28个，形成闻名的密城湾。1958年滩地大量坍塌，后辛庄一带大河距大堤仅300余米，严重危及濮阳县白堽乡后辛庄至密城村段黄河大堤安全，密城湾治理非常迫切和必要。1959年冬在尹庄修坝截河，使河势直趋对岸营房险工。当年修建尹庄控导工程1坝及联坝，1960年修建2～4坝。由于该工程的修建，造成对岸滩岸坍塌和营房险工出险，1962年对进入治导线部分的第4坝全部及第3坝前部（约120米）拆除。1973年，随着河势的上提，又修建1坝上护岸。

该工程是治理密城湾的门户工程，上迎苏泗庄险工来溜，下送溜于营房险工、龙长治和马张庄控导工程。

龙长治控导工程

　　龙长治控导工程位于濮阳县白堽乡辛寨村东，现有坝 23 道，工程总长度 2647 米，裹护长 1860 米。

　　由于逐年河势坐弯，1948 ~ 1958 年濮阳县河段滩岸坍塌形成了有名的密城湾，上起聂固堆下至马张庄，弯道弧长 16000 米，半径约为 6000 米，大水时主溜入湾，长期刷滩切尖，加深该湾的畸形发展，使该湾下首宋集、马张庄一带靠河着溜，滩岸坍塌后退，直接威胁堤防及马张庄附近滩区安全。为治理密城湾，分别于 1959 年和 1969 年修建尹庄、马张庄控导工程，控制了密城湾的上、下两端，为从根本上解决密城湾的畸形河势，在尹庄、马张庄两工程正中间修建龙长治控导工程。1971 年，修建龙长治控导工程 1 ~ 5 坝，1972 年修建 6 ~ 17 坝，1973 年修建 18 坝、19 坝。为控制河势下挫，保护石寨、王河渠、常河渠等村庄安全，1983 年修建 20 ~ 22 坝，1984 年又修建 23 坝。

　　该工程处于密城湾的中部，位于尹庄和马张庄控导工程的中间，是治理密城湾的关键性工程。该工程与尹庄、马张庄工程形成一弯道，上承接苏泗庄险工来溜，下送溜于营房险工，使密城湾畸形河势得到治理。

马张庄控导工程

马张庄控导工程位于濮阳县王称堌乡马张庄村南，现有丁坝23道，护岸1段，计24个单位工程，工程总长度1581米，裹护长1579米。

由于逐年河势坐弯，1948～1958年濮阳县河段滩岸坍塌形成了有名的密城湾，上起聂固堆下至马张庄，马张庄处滩岸坍塌后退严重，加之孟楼、宋集、马张庄一带串沟密布，遇大洪水时，有发生串沟主槽改道的危险。1959年修建尹庄控导工程后，为进一步治理密城湾，1969年始建马张庄控导工程1～23坝和1段护岸。2011年，对1～9坝进行土方整修，对5～9坝进行石料裹护。

该工程处于密城湾的下端，是密城湾治理的关门工程。该工程与尹庄、龙长治工程形成一弯道，上迎苏泗庄险工来溜，下送溜于营房险工。

李桥控导工程

　　李桥控导工程属于李桥险工上延工程，位于范县杨集乡位堂村南，现有丁坝13道，工程总长度1300米，裹护长度1308米。

　　由于河势变化，1982年李桥险工河势逐年上提，逐渐在其工程上首300米处坐弯，威胁到李桥险工和堤防安全。为控制河势，保护李桥险工及其堤防安全，于1994年始建李桥控导工程27～31坝，1997年修建32～34坝，2002年修建22～26坝。

　　该工程上迎对岸芦井工程来溜，下送溜于李桥、邢庙险工。

吴老家控导工程

吴老家控导工程位于范县陆集乡东、西吴老家村南，现有丁坝29道，工程总长2320米，工程裹护长度为2443米。

该工程上距鄄城郭集工程5000米，下距郓城苏阁险工4000米。为控制河势，护滩保村，保证对岸苏阁引黄闸引水，于1987年7月始建该工程4～13坝，1996年修建14、15坝。1997年对4～15坝进行加高改建。1998年修建16～19坝，1999年修建20～24坝，2000年修建25、26坝，2003年修建27～32坝。

工程上迎对岸郭集控导工程来溜，下送溜于对岸苏阁险工。

旧城护滩工程

旧城护滩工程位于范县张庄镇旧城村东南，现有丁坝 25 道，工程长 2280 米，裹护长 2000 米。

1965 年，由于对岸苏阁险工河势上提，主溜直冲旧城村，临近几个村庄均受到威胁，至 1967 年形成旧城河湾，距大堤 300 米左右。为护滩保村保堤，当年修建 19 坝、30 ~ 32 坝、36 ~ 39 坝，1968 年修建 27 ~ 29 坝，1969 年修建 15 ~ 18 坝、20 ~ 26 坝，1970 年修建 33 坝。

1971 年前，该工程上迎对岸苏阁险工来溜，下送溜于孙楼控导工程。1971 年汛期，全部脱河至今。

杨楼控导工程

　　杨楼控导工程位于范县张庄乡高庄村东，现有丁坝27道，工程总长度2284米，裹护长度2437米。

　　1986年，由于上游对岸苏阁险工河势下挫，造成杨楼村东滩岸坍塌严重。为控制河势，护滩保堤，于1987年始建该工程6～10坝，1988年修建11、12坝，1989年修建13、14坝，1990年修建15、16坝，1991年修建17、18坝，1992年修建19、20坝，1994年上延3～5坝，1998年对3～20坝进行加高改建，2000年修建21～23坝，2008年上延1、2坝，2016年上延-1～-3坝；2018年修建-4坝。其中3～17坝为扣石坝，-1～-3、1～2、18～23坝为乱石坝，-4坝为雷诺护垫新型材料坝。

　　该工程上迎对岸苏阁险工来溜，下送溜于孙楼控导工程。

孙楼控导工程

孙楼控导工程位于台前县清水河乡甘草堌堆村南，现有丁坝49道，工程总长3580米，裹护长度3996米。

1966年汛期，甘草湾河势变化恶劣，大溜紧靠左岸行洪，坍塌后退严重，对孙楼和甘草两村安全造成威胁。为保护村庄，控导主溜，稳定河势，同年10月修建1～20坝，1967年12月修建24～27坝，1968年7月修建28～30坝，1970年11月修建31～38坝，1972年6月修建21～23坝。2016年3月对孙楼工程平面布局进行调整，使孙楼弯道平缓，出流顺当。在6～19坝之前新建长1300米13道丁坝调整弯道曲率。

该工程上迎旧城、杨楼控导工程来溜，下送溜于对岸杨集险工等工程。工程经过50多年的整修、改建、抢险与加固，工程坝体基础较深，抗冲刷能力较强，为护弯保滩、稳定河势发挥了良好作用。

韩胡同控导工程

　　韩胡同控导工程位于台前县马楼镇韩胡同村南，现有丁坝49道、垛17座，计66个单位工程，工程总长度4850米，裹护长度3248米。

　　1970年，为使上游杨集工程送溜通过下游伟庄险工，防止左岸滩地坍塌落河，保滩护村护堤，始建韩胡同控导工程23～38坝和40～52垛，1972年修建2～22坝，1974年修建1坝、39坝，1976年上延-1～-6坝，1995年上延-7～-9坝。在1996年8月洪水期间，当地流量5540立方米每秒时，主溜紧靠左岸，工程上首滩地坍塌掉河，抄工程后路，并将-9～-6坝冲垮。1997年汛前工程恢复。1998年，为防止洪水再抄工程后路，在工程的上首修建4道坝，2000年完工，被编为临1～临4坝。2003年，在-9坝与临1坝之间又修建1道坝，编号为-10坝，并将该工程36坝以下17道坝（垛）重新规划、改建为17座垛。

　　该工程上迎对岸杨集险工来溜，下送溜于对岸伟庄、程那里险工。

梁路口控导工程

　　梁路口控导工程位于台前县马楼镇梁路口村东，现有丁坝41道、垛10座，计51个单位工程，工程长度3330米，裹护长度3329米。1968年，为制止梁路口弯道发展趋势，始建1～38坝，1986年上延−1～−3坝，1999年修建−4～−11垛，2003年修建−12～−13垛。该工程是在滩岸不断坍塌，村庄落河，堤防受到威胁（有串沟直通堤河）的情况下，经两岸统筹兼顾、统一规划，抓住有利时机修建，是"上平、下缓、中间陡"的典型工程。它采用了"短丁坝、小裆距、以坝护弯、以弯导溜"的工程布置原则，是黄河下游河道整治因地制宜的成功工程之一。

　　该工程上迎对岸程那里险工来溜，下送溜于对岸蔡楼工程。经过50多年的整修、改建、抢险与加固，大部分坝体基础较深，抗冲刷能力较强。

赵庄控导工程

赵庄控导工程位于台前县打渔陈镇赵庄村南，现有丁坝18道，工程总长度1200米，裹护长度762米。

1968年，因影唐险工靠河后，梁集溜势下滑，赵庄村南塌滩400余米，已临近村根，为防止河势发展恶化，本着控制河势，有利于防洪和滩区村庄安全，抢修1～15坝，1969年又修建16～18坝。

1969年9月，梁路口、蔡楼工程建成，影唐险工下续建3道坝，河势主流南移，溜走中泓，时年10月后脱河至今。

枣包楼控导工程

　　枣包楼控导工程位于台前县打渔陈镇张书安村南，现有丁坝23道，工程总长度1980米，裹护长度1955米。

　　1995年1月，由于主溜直逼左岸，滩地落河严重，为护滩保堤，于是建17～22坝，1996年4月修建23、24坝。在1996年8月洪水期间，当地流量5540立方米每秒时，该工程发生漫溢。1997年，对17～24坝进行帮宽加高。由于河势不断上提，17坝靠大溜，造成17坝以上滩岸坍塌，于2002年黄河首次调水调沙前上延修建6～16坝，下续25～28坝。

　　该工程上迎对岸朱丁庄控导工程来溜，下送溜于对岸国那里、十里铺险工。

贺洼护滩工程

贺洼护滩工程属于护滩保村工程，位于台前县夹河乡贺洼村东南，现有护岸1段，工程长度2276米。

20世纪50年代，由于对岸路那里险工横截河势，扭转溜向，挑溜冲刷左岸滩地长达5000余米。为控制溜势，护滩保堤，1955年7月在后董村建护岸250米，1956年6月在朱庄建护岸450米，1964年11月在邵庄建2座垛，1966年11月在姜庄建护岸440米，在白铺建护岸156米，1970年11月在前董村建护岸170米，1971年12月在贺洼村建2段护岸长408米，姜庄3段长460米，1973年6月在白铺建护岸5段长1005米。2003年以后分为贺洼、姜庄、白铺、邵庄4处护滩工程。

贺洼控导护滩工程虽然已有50多年历史，但因靠河时间短，抢险加固少，坝体基础浅，抗冲刷能力差。

白铺护滩工程

　　白铺护滩工程属于护滩保村工程，位于台前县夹河乡白铺村南，现有护岸1道，工程长度1700米。

　　白铺控导护滩工程修建于1970年，虽然有50多年的历史，但因靠河时间短，抢险加固少，故坝体基础浅，抗冲刷能力差。

邵庄护滩工程

邵庄控导护滩工程属于护滩保村工程，位于台前县吴坝镇邵庄村西南，现有护岸 1 段，工程长度 1100 米。

邵庄控导护滩工程建于 1955 年，虽然已有 60 多年历史，但因靠河时间短，抢险加固少，故坝体基础浅，抗冲刷能力差。

姜庄护滩工程

姜庄护滩工程属于护滩保村工程位于台前县夹河乡姜庄村南，现有护岸 1 段，工程长度 724 米。

姜庄护滩工程虽然已有 50 多年历史，但因靠河时间短，抢险加固少，故坝体基础浅，御水抗冲刷能力差。

第六章
滞洪区工程

为防御超标准异常洪水，预筹对策，确保大堤不决口，采取"舍小保大、缩小灾害"的有计划分滞洪水措施，从1951年后，利用沿河两岸的低洼地先后开辟了沁南滞洪区（沁黄滞洪区）、大宫分洪区、北金堤滞洪区和东平湖分洪区，封丘倒灌区，保障黄河防洪的整体全局安全。20世纪八十年代沁南滞洪区未列入国家蓄滞洪区名录，小浪底水库建成运用后，大宫分洪区取消。目前河南境内保留有北金堤滞洪区，封丘倒灌区还发挥着倒灌滞洪作用。

北金堤滞洪区

　　北金堤滞洪区位于黄河下游宽河段转向窄河段的过渡段，在左岸临黄大堤和北金堤之间，是古黄河与现黄河之间的低洼地带，西南东北走向，上宽下窄，呈狭长三角形。

　　北金堤滞洪区是处理黄河特大洪水而开辟的滞洪区。原设计防御1933年陕县23000立方米每秒洪水，于1951年经国家批准建设，在长垣县石头庄修筑溢洪堰分洪，分洪流量为5100立方米每秒，分洪量为20亿立方米。后因河道淤积等原因，利用溢洪堰分洪时机不好掌握且无法控制分洪流量和分洪量，经国务院批准，对滞洪区进行了改建。1976～1978年修建了渠村分洪闸，设计分洪流量10000立方米每秒，分洪量为20亿立方米，废除了石头庄溢洪堰，加固加高了北金堤。

　　改建后的滞洪区东西长 157 千米，南北上宽 40 千米，下宽 7 千米，面积 2316 平方千米。滞洪区上游高程 57.60 米（黄海高程，下同），下游高程 41.40 米，上下悬差 16.20 米，纵比降为 1/10000。北金堤滞洪区上部的南端渠村分洪闸处地面高程 59.1 米，北端濮阳县南关高程 50.50 米，南北悬差 8.6 米，横比降为 1/5000。滞洪区涉及河南省新乡市长垣市、安阳市滑县，濮阳市经济技术开发区、濮阳县、范县、台前县、中原油田及山东省聊城市莘县、阳谷县。涉及河南省 208.30 万人，耕地 235.88 万亩。滞洪区内紧靠北金堤有一条东西长 158.6 千米的金堤河，是黄河一级支流。

　　2008 年 7 月 21 日，国务院《关于黄河流域防洪规划的批复》（国函〔2008〕63 号），将北金堤滞洪区列为保留滞洪区。

北金堤渠村分洪闸

北金堤渠村分洪闸位于河南省濮阳县渠村乡，黄河左岸青庄险工工程上首，工程等级为大 1 型 I 等工程，是北金堤滞洪区分洪闸，最大分洪流量 10000 立方米每秒。水闸建筑物按地震基本烈度 8 度设防。

工程始建于 1976 年，为钢筋混凝土灌注桩基础开敞式水闸，共 56 孔，闸孔高度 4.15 米，单孔净宽 12 米，闸孔总净宽 672 米，闸室总宽度 749 米，设分离式底板。建筑物总长 209.5 米，其中上游连接段长 79 米，闸室段长 15.5 米，下游连接段长 115 米。

2017 年，在不改变原闸平面布置、设计规模和防洪标准的情况下，国家投资对其进行了除险加固。

为防止泥沙在闸门前堆积而影响闸门开启，在闸前筑有 1750 米长的控制围堤，上下界与临黄堤相接。围堤破除方式为固体炸药爆破。

该闸运行原则是：当黄河花园口站发生 22000 立方米每秒以上超标准洪水，经三门峡、小浪底、陆浑、故县、河口村水库联合调度，并同时运用东平湖水库蓄洪后，仍不能保证艾山站流量低于 10000 立方米每秒时，由黄河防总提出北金堤滞洪区运用意见，报请国家防总同意，由国务院下达命令，才能启用该闸分洪。

北金堤张庄退水闸

北金堤张庄退水闸，也称张庄入黄闸，位于濮阳市台前县吴坝镇、北金堤滞洪区的最末端、金堤河与黄河交汇处的左岸黄河大堤处，既是北金堤滞洪区的退水涵闸，也是金堤河的入黄口门工程。

该闸于1965年建成，1998年进行了改建加固，1999年竣工。属 I 级水工建筑物，系胸墙式双向运用开敞式轻型水闸，宽70.2米，共6孔，孔宽10米，孔高4.7米，2孔一联，山字形结构。该闸具有退水、倒灌分洪、挡黄、排涝作用，防洪使用调度由黄河防总负责。

当花园口站发生22000立方米每秒以上超标准洪水启用北金堤滞洪区时，区内分洪及金堤河涝水总量27亿立方米，从该闸退入黄河最大泄洪流量1000立方米每秒。

当花园口站发生10000 ~ 22000立方米每秒洪水使用山东东平湖滞洪时，为确保艾山以下下泄流量不超过10000立方米每秒，将利用该闸向北金堤滞洪区倒灌分洪，最大分洪流量1000立方米每秒。

当黄河水位高于金堤河水位时，关闭闸门挡黄防洪，防止倒灌。当金堤河流域发生暴雨时，可利用黄河低水位时机自流排涝入黄。

北金堤围堤工程

　　北金堤围堤工程主要包括黄河大堤和北金堤。

　　黄河大堤是北金堤滞洪区南部的围堤。北金堤滞洪区黄河大堤束水段长 157.895 千米，顶高超 2000 年设防水位 2.5～3.0 米。黄河大堤经多年加高培厚，完全能满足滞洪束水需要。

　　北金堤是北金堤滞洪区北部的围堤，长 75.214 千米，堤顶宽 7～10 米，超出滞洪设计水位 1.5～2.0 米。濮阳境内北金堤建有险工 5 处，分别为城南险工、焦寨险工、刘庄险工、兴张险工和赵庄险工，共有坝垛 68 道。

（一）城南险工

城南险工属于北金堤险工，位于濮阳县城关镇南堤村至清河头乡吴堤口村之间，共有50道坝，平面布局为平顺型，始建于1978年。工程长度8035米，坦石为乱石粗排，砌护长度3785米。该险工是北金堤防洪的重要屏障，具有防御黄河北金堤滞洪区分洪洪水和金堤河洪水的双重作用。

因北金堤滞洪区分洪口门由长垣石头庄溢洪堰下移至渠村分洪闸，分洪主溜直冲濮阳县南关金堤处，于1978年修建了1～30坝土坝基，1979年修建了31～50坝土坝基，1980～1985年对土坝基进行了石料裹护。该险工共累计完成工程土方62.70万立方米，石方4.02万立方米。2015年金堤河干流河道治理工程（黄委管辖工程）项目对该险工1～20坝、50坝，共21道坝，按金堤河20年一遇洪水设防标准进行坝身补残、根坦石加固等改建加固。

（二）焦寨险工

焦寨险工属于北金堤险工，位于濮阳县清河头乡焦寨村南，共有 5 道坝，工程长度 238 米，该险工具有防御黄河北金堤滞洪区分洪洪水和金堤河洪水的双重作用。

由于金堤河在焦寨处形成弯道，滞洪时洪水将紧靠堤防行洪，对堤防构成威胁，1979 年 7 月修建了焦寨险工。该险工累计完成工程土方 1.85 万立方米。2015 年金堤河干流河道治理工程（黄委管辖工程）项目对该险工 5 道坝，按金堤河 20 年一遇洪水设防标准进行坝身补残、坝坡石料裹护等改建加固。2020 年对原粗排坦石护坡进行了浆砌石护坡改造。

（三）刘庄险工

刘庄险工属于北金堤险工，位于濮阳县柳屯镇刘庄村南，共有6道坝，平面布局为平顺型，工程长度365米，坦石为乱石粗排（浆砌石），2021年对原粗排坦石护坡进行了浆砌石护坡改造。砌护长度339米。该险工具有防御黄河北金堤滞洪区分洪洪水和金堤河洪水的双重作用。

由于该处堤防呈外凸形，自焦寨险工至兴张险工之间堤段易发生顺堤行洪，为此于1957年修建了刘庄险工土坝基3道，渠村分洪闸建成后，又于1979年增建土坝基3道，并于1986年完成了6道土坝基的石料裹护任务。该工程主要作用是控制上游来溜，以避免顺堤行洪淘刷堤身。该险工累计完成工程土方2.62万立方米，石方0.24万立方米。

（四）兴张险工

兴张险工属于北金堤险工，位于濮阳县柳屯镇兴张村南，共有3道坝，平面布局为平顺型，工程长度240米。该险工具有防御黄河北金堤滞洪区分洪洪水和金堤河洪水的双重作用。

由于该处堤防走向由向东转为向北，转角约为60度，是水流顶冲的尖嘴处，为确保堤防安全，1957年修建了兴张险工。该险工累计完成工程土方1.53万立方米。2015年金堤河干流河道治理工程（黄委管辖工程）项目对该险工3道坝，按金堤河20年一遇洪水设防标准进行坝身补残、根坦石加固等改建加固。

（五）赵庄险工

赵庄险工属于北金堤险工，位于濮阳县柳屯镇赵庄村南，共有4道坝，平面布局为平顺型，工程长度243米，坦石为乱石粗排，砌护长度173米。该险工具有防御黄河北金堤滞洪区分洪洪水和金堤河洪水的双重作用。

由于该段堤防比较凸出，为防止大溜顶冲堤防，于1965年始修赵庄险工土坝基3道，1979年又增修土坝基1道，并于2013年利用涉河项目（山西中南部铁路通道穿越北金堤滞洪区特大桥防洪补偿项目），完成了4道土坝基的石料裹护及土方整修任务。该险工累计完成工程土方2.40万立方米，石方0.47万立方米。

封丘倒灌区

　　封丘倒灌区位于黄河左岸新乡市境内，涉及封丘的 10 个乡（镇），200 个行政村（213 个自然村），24.23 万人，耕地 31.08 万亩。

　　该倒灌区是处理黄河下游大洪水滞洪和沉沙的场所，面积约 538 平方千米。封丘县贯孟堤末端姜唐至长垣市的孟岗有 8.1 千米长的缺口，形成封丘倒灌区的倒灌口，天然文岩渠经此入黄，大洪水时也由此而倒灌，历史上曾多次发生洪涝灾害。如 1933 年、1958 年、1976 年洪水期三次倒灌，淹没面积分别为 400、48、60 平方千米，滞水量 4.4 亿、0.3 亿、0.5 亿立方米，由此说明该区

具有减洪作用。目前该区无任何避洪设施，若遇较大洪水倒灌，区内群众将遭受重大损失。

贯孟堤是封丘倒灌区的控制性工程，长21千米，涉及长垣、封丘2县13个乡镇、275个行政村、40多万人，面积610平方千米。随着小浪底水库运用和黄河下游标准化堤防建设，倒灌区运用概率大幅降低，倒灌区群众发展经济的意愿也越来越强。贯孟堤扩建、加固工程的建设实施，可以有效提高倒灌区的防洪标准，对进一步完善河南黄河下游防洪工程体系，保障封丘倒灌区内人民群众财产安全，促进当地经济社会发展具有重要意义。

第七章
引黄供水工程

1952年河南黄河兴建了第一座引黄闸——人民胜利渠渠首闸，之后，沿黄各地相继建闸引水。目前，河南黄河引黄供水工程共有48处。这些供水工程为沿黄地区工农业生产、城市居民生活用水、生态环境改善提供了水资源保证。

华阳引黄供水工程

　　孟津华阳引黄供水工程位于洛阳市孟津区白鹤镇高家庄护滩工程 5 ～ 6 垛之间，是孟津华阳集中供水中心水厂水源改造工程，经由泵站取水后用管道输送至华阳供水中心。

　　该工程于 2021 年 3 月开工建设，2021 年 12 月 1 日主体工程完工，12 月 28 日进行了通水验收。设计引水流量 2.3 立方米每秒，泵站近期供水规模 2 万立方米每天，远期供水规模 7.5 万立方米每天。

河洛引黄工程

河洛引黄工程位于巩义市河洛镇黄河滩内，包括引黄闸、引水条渠、蓄水条渠和上岭提水泵站等部分，闸址位于金沟控导工程12～13坝之间。2011年8月工程开工，2013年5月竣工验收。

河洛引黄闸为一联3孔钢筋混凝土箱形涵洞式水闸，闸室洞身长34米，闸孔尺寸3米×3米（高×宽），设计引水流量25立方米每秒，涵洞穿越金沟控导工程连坝，并与水源地工程引水条渠相接。

河洛引黄工程共有取水指标3000万立方米，包括引黄闸2000万立方米，滩小关地下取水井群1000万立方米，用途为工业。

引黄闸从黄河中直接引取地表水，通过相关输水配套工程，当前可满足巩义市新东区和东部工业园区的用水需求。对接巩义市正在实施的"城乡供水一体化"项目后，更将扩大供水范围。

牛口峪引黄工程

　　牛口峪闸位于郑州市荥阳高村乡枣树沟控导工程8～9坝之间，3级建筑物，2019年6月建成。牛口峪闸为一联3孔闸，总长为127米，闸孔尺寸2.5米×2.5米（高×宽），设计引水流量为15立方米每秒，设计防洪流量4000立方米每秒。

　　闸后设五台3.75立方米每秒的永久泵站，配套输水干线工程和荥阳支线。干线长34.72千米，自邙岭顶部牛口峪村向东南依次穿过枯河、连霍高速、索河、西南绕城高速及须水河等，最终到达西流湖。荥阳支线线路长16.29千米，终点为楚楼水库。

设计年引水量 8505 万立方米，包括马寨片区、侯寨片区生活工业用水 3600 万立方米，唐岗、河王、索须河灌区 2633 万立方米，金水河、熊儿河、七里河（十八里河、十七里河、东风渠干流）、潮河的生态环境水量 2272 万立方米。

桃花峪引黄渠首闸

　　桃花峪闸位于郑州市荥阳广武镇桃花峪控导工程 30 ～ 31 坝之间，邙山风景区内，紧邻黄河主河道，5 级建筑物。2007 年 3 月动工修建，7 月底建成。

　　桃花峪闸为一联 2 孔钢筋混凝土箱形涵洞式水闸，闸孔尺寸高 3 米，宽 2.5 米，设计引水流量为 16 立方米每秒，设计防洪流量 4000 立方米每秒。闸前配有三台 2 立方米每秒永久性泵站。往邙山提灌站沉沙池供水。

　　通过邙山提灌站向西流湖、柿园水厂、尖岗水库及常庄水库供水，同时通过魏河、潮河、十七里河、十八里河向郑州西南部供生态用水。取水指标共 9000 万立方米，包括生活用水 8000 万立方米，生态用水 1000 万立方米。

　　邙山提灌站位于郑州市黄河风景名胜区，郑州市黄河风景名胜区管理委员会进行管理。邙山提灌站 1973 年启用，设计引水流量

6 立方米每秒，设计供水规模 60 万立方米每日，配套面积 5 万亩。邙山提灌站建于 20 世纪 70 年代初期，当时由于农业及城市供水的需要。邙山提灌站担负着郑州市工业及城市生活用水的 70% 以上任务。随着黄河河势不断变化，在 20 世纪 80 年代邙山提灌站频繁出现脱河现象，人民生活用水及工业用水保障率大幅下降。为了提高城市供水保障率，郑州市人民政府投资兴建沉沙池及引用水工程，工程于 1987 年 6 月建成投入使用。城市及农业用水每年达到 1.2 亿立方米。

花园口引黄闸

　　花园口引黄闸位于郑州市惠济区，黄河右岸大堤桩号 10+915
处。始建于 1955 年，属 1 级水工建筑物。该工程由原黄河水利委
员会设计院设计，河南省水利厅施工。1956 年 5 月 12 日经河南省
水利厅验收后交付河南省花园口黄河淤灌处工程管理局管理运用，
1962 年将渠首闸交郑州市黄河修防处管理，目前由惠金黄河河务
局管理。

　　花园口引黄闸为三孔钢筋混凝土箱式水闸，孔口尺寸高 1.8 米，
宽 1.6 米，设计流量正常为 20 立方米每秒，加大 35 立方米每秒，
设计灌溉面积 30 万亩，实际灌溉面积 15 万亩。

　　1980 年，因渗径不足、涵洞结构强度偏低，进行了第一次改建。
改建工程共完成土方 2.079 万立方米，石方 0.034 万立方米，混凝

土 0.078 万立方米，总投资 49.28 万元。

　　2009 年花园口闸被安全鉴定为三类病险闸，且由于过流能力严重下降等原因，2014 年花园口引黄闸拆除重建。工程主要建设内容包括：闸室、涵洞、上下游连接段、闸室上部结构以及金属结构和电气设备安装，管理房拆除重建，花园口引水泵站前池改建工程。2016 年 12 月恢复通水。2018 年 1 月竣工验收。

　　改建后的花园口引黄闸为一联 3 孔钢筋混凝土涵洞式水闸，闸孔尺寸 2.5 米 ×2.5 米（高 × 宽）。工程总长 124 米，闸室洞身长 96 米，设计引水流量 20 立方米每秒，加大流量 35 立方米每秒。

　　花园口闸原设计灌溉面积 30 万亩，但由于郑州市城镇化建设进程加快，已不再有农业灌溉，当前主要向贾鲁河、索须河、魏河、东风渠、龙湖等供生态用水。取水指标共 500 万立方米，用途为生态。

东大坝引黄渠首闸

　　东大坝闸位于郑州市惠济区，东大坝与东大坝下延控导工程1坝之间，5级建筑物，2007年6月建成。

　　东大坝引黄闸为一联2孔钢筋混凝土箱涵式水闸，进口紧邻黄河主河道，出口与郑州中法原水有限公司引黄闸和东大坝提灌站前的渠道相连。闸孔尺寸3米×2.5米（高×宽），设计引水流量为15立方米每秒，设计防洪流量4000立方米每秒。

　　该闸供郑州东区城市生活用水和花园口灌区农业用水。取水指标8300万立方米，包括生活用水8000万立方米，农业用水300万立方米。

　　东大坝提灌站由郑州市水利勘测设计队设计，郑州市水利机械化施工队施工，郑州市引黄淤灌处进行管理。东大坝提灌站1969年建成使用，属农业用水，设计最大引水流量10立方米每秒，批准年取水量700万立方米；设计灌溉面积26000亩，有效灌溉面积17500亩。东大坝自1969年建成以后共进行过两次改建，1989年改建主要是对泵房进行了修建，1998年主要是对机泵进行改建。该闸投资主体为河南省水利厅，投资规模为50万元，主要用途是提水、沉沙、扩大稻田面积。

　　中法原水有限公司引黄闸1984年建成使用，设计引水流量10立方米每秒，2002年实际引水量为6005.613万立方米，设计供水规模27万立方米每日，实际供水规模为18万立方米每日。

马渡引黄闸

　　马渡引黄闸位于郑州市惠济区，黄河右岸大堤桩号 25+330 处，始建于 1975 年，为 1 级水工建筑物。马渡引黄闸为一联 2 孔涵洞式水闸，闸孔尺寸 2.5 米 ×2.5 米（高 × 宽）。工程总长 113.5 米，闸室洞身长 72 米，设计引水流量 20 立方米每秒。

　　设计灌溉面积 10.5 万亩，实际灌溉面积约 6 万亩，为花园口灌区农业灌溉闸。取水指标共 1000 万立方米，用途为农业。2019 年 9 月被鉴定为四类闸，2019 年 9 月被鉴定为四类闸，被列入黄河下游引黄涵闸改建工程。

杨桥引黄闸

杨桥引黄闸位于郑州市郑东新区杨桥村，黄河右岸大堤公里桩号 32+021 处，1 级水工建筑物。该闸始建于 1970 年 5 月，因渗径长度不足，不满足防洪要求，于 1978 年 10 月进行改建，1980 年 1 月竣工。2009 年被鉴定为三类病险水闸，2014 年进行除险加固，10 月恢复通水。

该闸为一联 3 孔涵洞式水闸，闸孔尺寸 2.5 米 × 2.5 米（高 × 宽）。除险加固后工程总长 153 米，闸室洞身长 86 米，设计引水流量 32.4 立方米每秒，加大引水流量 45 立方米每秒。闸前有 2.8 千米引渠，配 4 台 1 立方米每秒的临时泵站。

闸后为杨桥灌区，设计灌溉面积 36.5 万亩，也向郑州市象湖生态补水。取水指标共 7000 万立方米，用途为农业。

三刘寨引黄闸

　　三刘寨引黄闸位于郑州市中牟县境内，黄河右岸大堤公里桩号42+392处，始建于1966年，1级建筑物。建成后，因灌区工程不配套，实灌面积只有2万亩，及黄河河床逐年淤积，防洪水位相应升高，造成渗径不足，洞上堤身断面单薄，在1981年对位于其下游278米的赵口闸改建时，将其废除封堵。1989年重新启用并改建。2009年被鉴定为三类病险水闸，2013年进行除险加固，2015年3月竣工。

　　三刘寨闸为一联 3 孔涵洞式水闸，设计流量 25 立方米每秒，加大流量 30 立方米每秒。除险加固后建筑物总长 143 米，闸室和涵洞段共长 84.3 米，闸孔尺寸 2.0 米 ×2.5 米（高 × 宽）。

　　闸后为三刘寨引黄灌区，设计灌溉面积 30 万亩。该闸主要任务是向三刘寨灌区内的农业灌溉提供用水，大孟镇中央湖和蟹岛提供生态用水。取水指标共 2500 万立方米，用途为农业。

赵口引黄闸

赵口引黄闸位于郑州市中牟县境内，黄河右岸大堤公里桩号42+675处，始建于1970年，为1级水工建筑物。因渗径长度不足等，曾于1981年、2012年进行两次加固改建。第二次除险加固针对三类闸鉴定结果，完成闸机房、工作桥、启闭机、闸门主体等工程施工，并加装设备运行远程控制、视频信息采集与传送、设备运行检测与保护装置。2018年12月赵口闸被鉴定为四类闸，列入黄河下游引黄涵闸改建工程。

赵口引黄闸为三联16孔箱涵式水闸，边联各5孔，中联6孔，闸孔尺寸2.5米×3米（高×宽）。工程总长144.07米，闸室洞身长86.5米，闸身宽度为68.5米。设计引水流量210立方米每秒。

赵口引黄闸当前主
要承担农业灌溉、生态
补源供水任务，取水指
标共 8500 万立方米，
用途为农业。赵口引黄
灌区位于黄河南岸豫东
平原，灌区（一期工程）
设计灌溉面积为 230 万

亩。受益范围包括郑州、开封两市的中牟、开封、尉氏、通许、杞
县及开封市郊区。赵口引黄灌区是河南省重点大型引黄灌区之一，
其范围之广、面积之大、效益之好，均为我省引黄灌区之最。该区
是我省重要的粮棉生产基地之一，又是发展农、林、牧、副、渔业
有着良好条件的地方。

黑岗口引黄闸

　　黑岗口引黄闸始建于1957年，1级水工建筑物。为5孔涵洞式水闸，钢筋混凝土结构，闸孔尺寸2.0米×1.8米（高×宽），闸室长6.85米，洞身长30米，建筑物总长82.85米，涵闸属有胸墙压力涵洞式，设计引水流量50立方米每秒，加大64立方米每秒，设计灌溉面积66万亩（其中放淤改土面积10万亩）。

　　由于黄河河床逐年抬高，闸区堤身断面明显偏小，渗轻不足，满足不了防洪要求，1980年按1995年设计防洪水位加高3米，对该闸进行了改建。

　　2009年被鉴定为三类病险水闸，1991年将黑岗口引黄闸原闸门更换为钢筋混凝体闸门，并黏结不锈钢轨道。2014年8月进行除险加固，拆除重建老涵洞段和渠首段，拆除重建机架桥和启闭机

房，更换闸门、启闭设备和电气控制系统，重新恢复观测系统，2016年1月竣工。

改建后，该闸为5孔涵洞式水闸，钢筋混凝土结构，闸孔尺寸2米×2.5米（高×宽）。工程总长141.35米，闸室洞身长为76.85米。设计引水流量50立方米每秒。

闸后为黑岗口灌区，设计灌溉面积66万亩，有效灌溉面积18万亩，现有实际灌溉面积13万亩。

柳园口引黄闸

柳园口引黄闸位于开封市龙亭区，黄河柳园口险工 33 坝与 34 坝之间。

柳园口引黄闸始建于 1966 年，1 级水工建筑物，五孔箱涵，平面木质闸门板涵洞长 44 米，其中闸室长 8 米，洞身长 36 米；闸孔尺寸 2.2 米 ×2.5 米（高 × 高）改造开封市郊区和开封县沿黄 19.7 万亩内涝盐碱地建建造，同时担负着开封市城市补源用水。

柳园口引黄闸设计引水流量为 40 立方米每秒，设计灌溉面积 46.3 万亩，由于河床逐年淤高，防洪水位相应上升。柳园口闸存在着防洪标准低，渗径短、堤身单薄等问题，于 1981 年对该闸进行改建。改建后加大设计流量 64 立方米每秒，加长洞身 24 米。2013 年 8 月动工进行除险加固，2015 年 3 月工程竣工。

柳园口灌区设计灌溉面积 36.86 万亩，实际灌溉面积 19.7 万亩。

三义寨引黄闸

　　三义寨引黄闸位于兰考县三义寨乡夹河滩村东头，初建于 1957 年，1 级建筑物。因强震使闸墩、闸底板、启闭机房产生多条裂缝，于 1974 年和 1990 年两次进行改建，对裂缝、止水缝等进行处理，封堵开敞式水闸两边联，保留中联 4 孔。渠首闸原设计流量 520 立方米每秒，1974 年改建后，引水能力为 300 立方米每秒，1990 年再次改建后，引水能力为 141 立方米每秒。2004 年 1 月老闸被鉴定为四类病险闸。2012 年 10 月经国家发展和改革委批复在老闸后 300 米处重建新闸，2017 年 8 月新闸竣工。新闸为七孔涵洞式水闸，钢筋混凝土结构，闸孔尺寸 4 米 ×4.2 米（高 × 宽）。闸室段 12 米，涵洞长 80 米，平板钢闸门，卷扬启闭机启闭。设计引水流量 141 立方米每秒。

　　闸后为三义寨灌区，设计灌溉面积为 537 万亩，目前有效灌溉面积为 120 万亩。灌区范围涉及开封市的祥符区、兰考县、杞县和商丘市的睢阳区、梁园区、民权县、宁陵县、睢县、柘城县、虞城县、夏邑县，共两市三区八县。取水指标共 27429 万立方米，取水用途包括农业 18116 万立方米，工业 5313 万立方米，生活 4000 万立方米。

历史上，由于黄河多次泛滥，造成灌区的地形高低起伏。特别是兰考境内的沙丘、盐碱、故道达 37 万多亩，占全县耕地面积的一半以上。"风沙、盐碱、内涝"三大灾害是兰考人民贫困和灾难的根源。1958 年三义寨引黄闸建成后，经过引黄灌溉，使故道、沙丘、盐碱等不毛之地变成了良田，彻底改变了那种"冬春白茫茫，夏季水汪汪，风起黄沙飞，旱涝闹饥荒"的悲惨景象。该闸共计放淤改造盐碱、沙荒 50.06 万亩。

白坡提水站

　　白坡提水站位于黄河左岸，洛阳吉利区境内。取水口具体位置设在白坡控导工程1坝上首与堵串坝之间。白坡提水站是中石化洛阳分公司为进一步扩大生产规模，快速发展而实施的一项大型供水工程，该工程是中石化洛阳分公司化纤取水项目配套设施之一，主要向黄河水场提供生产用原水。工程于2004年11月15日开工，2004年12月31日完工，2005年1月1日开始试运行。2007年通过黄委竣工验收，2010年9月正式供水。

　　白坡提水站包括一个10万吨的沉沙池，一个10万吨净水池，一个加药车间和两个泵站。工程年取水指标1600万立方米，全部为工业用水，用水户为中石化洛阳分公司。

吉利黄河湿地引黄供水工程

    吉利黄河湿地引黄供水工程位于洛阳市北部西霞院水库下游黄河滩区，西起西霞院大坝下游左岸300米处的三合亭，东至洛吉快速通道11号桥墩东侧水池。

    该项目主要由引水管线、输水管线和提水泵站（蓄水池）三部分组成。引水管线呈西南东北方向，沿水边线直线布置，进水口位于西霞院水利枢纽泄水闸出口左侧的黄河滩地，出水口位于蓄水池西南角，管线长度1050米；输水工程进水口位于蓄水池东侧，中间设分水管通向分水池，于洛吉快速路10#、11#墩之间穿过到达一期水系源头，管线长度870米；提水泵站位于蓄水池南侧，泵站出水池设在淤灌渠渠首位置。引水管年引水量5135立方米；泵站

年供水量为 3000 万立方米，流量 1.05 立方米每秒；输水管年输水量 2106 万立方米，设计流量 0.70 立方米每秒。工程 2018 年 12 月建设完成。

一期退水口位于白坡控导工程潜坝北侧，二期退水口位于二道河的入河口。工程从西霞院大坝下游左岸 300 米处三合亭引水至湿地水系内，实现湿地内水系水位的相对稳定，水流流经湿地水系后，再排回黄河，实现保护水系生态，推进水生态文明建设，完善水生态保护格局的目标。

黄委 2022 年 5 月核发了取水许可，批复该项目使用黄河干流地表水指标 5106 万立方米每年，其中 95 万立方米计入河南省耗水指标，剩余水量退回黄河河道。

逯村引黄泵站

　　逯村引黄泵站取水口设置在孟州市逯村控导工程 19 坝临河，采用两台 0.47 立方米每秒流量的水泵提水，扬程 51 米。

　　工程 2014 年 4 月开工建设，2016 年 10 月实现东线一次性试通水成功。年供水量达 1500 万～ 3000 万立方米，主要为孟州市产业集聚区的工业生产、生活提供用水，也作为滩区农业灌溉及城区水系的备用水源。

大玉兰引黄供水工程

大玉兰引黄供水工程始建于 2004 年，2006 年完工，2010 年进行了竣工验收。

工程位于温县大玉兰控导工程 24、25 坝之间，包括引黄涵闸、闸前泵站、供水渠道、沉沙池等。其中，引黄涵闸为单孔箱形涵洞式结构，闸孔尺寸高 2.5 米 × 2.6 米（宽 × 高），设计引水流量 7 立方米每秒，加大 10 立方米每秒。供水渠道长 308 米，渠道为宽 2 米、高 2.5 米，敞开式矩形钢筋混凝土结构。沉沙池最大库容 39.78 万立方米，有效蓄水量 25.94 万立方米。工程向温县城区和滩区供水，核定引水指标 5450 万立方米，设计灌溉面积 23.3 万亩。

驾部引黄供水工程

驾部引黄供水工程取水口位于武陟县驾部控导工程 23、24 坝之间，始建于 2005 年 4 月，2008 年 3 月完工，2010 年进行了竣工验收。

工程包括引水闸、滩区输水渠、沉沙池、提水泵站、倒虹吸。其中引水闸为 2 孔涵洞式水闸，闸孔尺寸 2.5 米 × 2.5 米（宽 × 高），设计引水流量 20 立方米每秒。滩区输水渠长度 2.7 千米。沉沙池占地面积 118.3 亩，最大库容 35 万立方米，正常蓄水量 20 万立方米。倒虹吸长度 226 米，2.5 米 × 2.0 米（宽 × 高）。

该工程向武陟沁南、沁北灌区（引黄入焦项目）供水，设计灌溉面积 25 万亩（沁北灌区 15 万亩、沁南灌区 10 万亩），主要为生态补源用水。

白马泉引黄闸

　　白马泉引黄闸位于焦作市武陟县黄河左岸大堤上公里桩号68+800处，始建于1971年，1972年竣工，1级建筑物。

　　由于黄河河床逐年抬高，防洪水位相应升高，防洪能力降低，渗径不足，闸门止水损坏等问题，1987年进行改建。改建后白马泉闸为单孔涵洞式水闸，闸孔尺寸2.0米×2.4米（高×宽）。闸室、涵洞总长85.5米，设计引水流量10立方米每秒，加大流量为15立方米每秒。

　　核定引水指标500万立方米，向武陟白马泉灌区供水，主要包括武陟城关4个乡（镇），灌区面积10万亩。当前主要供应武陟农业灌溉和工业用水，取水指标为农业用水，共500万立方米。

　　2009年，鉴定为四类涵闸，已列入黄河下游涵闸改建计划。

共产主义引黄闸

　　共产主义引黄闸位于焦作市武陟县嘉应观乡秦厂村，黄河左岸大堤公里桩号78+400处，1级建筑物，兴建于1957年，1958年竣工，2007年进行了改建。

　　改建后共产主义引黄闸为3孔涵洞式水闸，闸孔尺寸3.5米×2.8米（高×宽），闸室洞身总长104.1米，设计引水流量40立方米每秒。

　　闸后为武嘉灌区，设计灌溉面积36万亩，地域涉及武陟县和获嘉县。共产主义引黄闸当前主要供应农业灌溉、工业用水，取水指标共6000万立方米，包括农业指标4000万立方米，工业指标2000万立方米，向武嘉灌区、武陟二干排、共产主义渠、中新化工有限公司供水。

张菜园引黄闸

　　张菜园引黄闸是人民胜利渠总干渠穿堤闸，位于张菜园老闸东侧 120 米处，于 1975 年 3 月开工，1977 年 10 月竣工，1978 年 9 月验收后交付使用。

　　张菜园引黄闸为 5 孔涵洞式水闸，闸孔尺寸 3.6 米 ×3.4 米（高 × 宽），闸室洞身长 96 米，设计引水流量 100 立方米每秒，加大流量 130.00 立方米每秒。张菜园闸核定引水指标 4.0 亿立方米（其中，占新乡引水指标 3.6 亿立方米，占焦作引水指标 4000 万立方米）。包括农业指标 33000 万立方米，生活指标 7000 万立方米。

人民胜利渠引黄闸

　　人民胜利渠引黄闸位于在京广铁路黄河铁路桥上游北岸 1.5 千米的秦厂大坝上，为无坝自流引水。渠首闸设计引水流量为 60 立方米每秒，加大流量为 85 立方米每秒。灌区控制总面积 1486.84 平方千米，设计灌溉面积 148 万亩，主要浇灌新乡、焦作、安阳等 9 个县（市、区）47 个乡（镇），其中自流灌溉面积 88.6 万亩，目前实际灌溉为 40 万～60 万亩；还承担着新乡市城市供水任务，历史上可给鹤壁、河北、天津等地送水。

　　人民胜利渠（早期称引黄灌溉济卫工程）以"新中国引黄灌溉第一渠"闻名国内外，它的兴建结束了"黄河百害，唯富一套"的历史，揭开了开发利用黄河水沙资源的序幕。人民胜利渠灌区工程 1949 年提出，1950 年 10 月经政务院批准，1951 年 3 月开工修建，

1952 年 3 月第一期工程建成，4 月开闸放水，同年 10 月 31 日毛泽东主席亲临灌区视察。人民胜利渠灌区开灌前，灌区社会经济处于十分贫穷落后的状态，旱、涝灾害不断，到处呈现盐碱、沙荒的景象，地广人稀，群众过着"半年糠菜半年粮"的苦难生活。人民胜利渠开灌后，利用黄河泥沙沉沙改土，使昔日低洼荒凉的盐碱地变成高产稳产田，先后淤改土地 6000 平方公顷，通过旱、涝、碱、淤综合治理，粮棉逐年增产，社会经济突飞猛进地发展，吨粮田、小康村、镇（乡）不断涌现，城市化进程不断向前迈进，灌区一派繁荣景象。70 余年来，一些国家的元首、政府首脑、联合国官员、水利专家、外交使团、国际友人来这里参观考察，给予了较高的评价。人民胜利渠灌区已成为中原大地的一颗明珠，成为河南省、新乡市农业战线的主要旗帜。

老田庵引黄闸

老田庵引黄闸位于焦作市武陟县詹店镇，老田庵村控导工程17～18坝间。始建于1994年，为3级建筑物。2014年10月鉴定为四类闸，已纳入黄河下游引黄涵闸改建工程。

目前老田庵闸为3孔涵洞式水闸，闸室为一联3孔，闸孔尺寸2.8米×2.8米（高×宽），闸室洞身长16米，设计引水流量40立方米每秒。

老田庵闸为农业灌溉闸，闸后为原阳县堤南灌区，堤南引黄灌区位于原阳县黄河滩区，介于黄河主槽与黄河大堤之间，是20世纪50年代末群众集资兴建，面积176平方千米，设计灌溉面积25.7万亩。内有6个乡、128个行政村，人口12.6万。取水指标为滩内农业用水4000万立方米。

韩董庄引黄闸

　　韩董庄引黄闸位于新乡市平原示范区龙源街道办事处胡堂庄，黄河左岸大堤公里桩号 100+500 处，始建于 1967 年，为 1 级水工建筑物。因渗径长度不足等原因，曾于 1987 进行加固改建，完成闸室段和防渗铺盖段拆除重建、涵洞加长、更换闸门和启闭机等工程施工。2011 年 12 月韩董庄闸被鉴定为四类闸，列入黄河下游引黄涵闸改建工程。

　　韩董庄闸为 3 孔钢筋混凝土箱涵式水闸，闸孔尺寸 2.5 米 ×1.9 米（高 × 宽）。工程总长 143 米，闸室洞身长 85 米，设计引水流量 25 立方米每秒。

　　韩董庄闸当前主要承担农业灌溉、平原新区凤湖生态补源供水任务，取水指标 5500 万立方米，用途为农业。

　　韩董庄引黄灌区地处原阳县西北部黄河故道，始建于 1967 年。30 多年来，经初建、续建、节水改造等阶段建设，达到了控制面积 580.67 平方千米，规划设计面积 58.16 万亩的大型灌区规模，现有干、支渠以上各类建筑物 508 座。灌区的发展为当地农村抗灾、减灾、改善环境、改良土壤、培育优质稻米特色经济、促进农民致富奔小康发挥了巨大作用。

柳园引黄闸

柳园引黄闸位于新乡市原阳县官厂乡柳园村，黄河左岸大堤公里桩号114+977处，始建于1986年，为1级水工建筑物。因涵洞段混凝土强度偏低、闸门启闭震动等原因，曾于2014年进行加固改建。除险加固针对三类闸鉴定结果，完成机架桥和启闭机室重建、涵洞段洞身裂缝加固处理等工程施工，并更换了工作闸门、启闭机及电气系统，恢复部分损坏的观测设施。

柳园闸为3孔钢筋混凝土箱涵式水闸，闸孔尺寸2.5米×2.1米（高×宽）。工程总长141.9米，闸室洞身长80米，设计引水流量25立方米每秒。设计灌溉面积30万亩，主要用水户为韩董庄灌区和福宁集乡中岳村的新乡市第五水源厂。

取水指标7700万立方米，其中农业用水4700万立方米，生活用水3000万立方米。

祥符朱引黄闸

祥符朱引黄闸位于新乡市原阳县大宾乡祥符朱村，黄河左岸大堤公里桩号 137+300 处，始建于 1968 年，为 1 级水工建筑物。因渗径长度不足等原因，曾于 1986 年、2013 年进行两次加固改建。

祥符朱闸为 3 孔钢筋混凝土箱涵式水闸，闸孔尺寸 2.5 米 ×2.1 米（高 × 宽）。工程总长 152 米，闸室洞身长 82 米，设计引水流量 30 立方米每秒。设计灌溉面积 30 万亩，主要用水户为祥符朱灌区、滑县西湖和延津县玉湖。

于店引黄闸

　　于店引黄闸位于新乡市封丘县荆宫乡于店村，黄河左岸大堤公里桩号156+377处，始建于1967年，为1级水工建筑物。因黄河河床淤积、设防水位抬高、原闸设防标准低等原因，曾于1979年进行加固改建，完成前接闸室及涵洞段、拆除重建上游防渗铺盖段、新建机架桥和机房、更换闸门和启闭机等工程施工。2011年12月于店闸被鉴定为三类闸，列入黄河下游引黄涵闸改建工程。

　　于店闸为1孔涵洞式水闸，闸孔尺寸2米×2米（高×宽）。工程总长118.2米，闸室洞身长77.8米，设计引水流量10立方米每秒。闸前引渠长2450米。

　　于店闸为农业灌溉闸，设计灌溉面积10万亩，供水涉及荆隆宫、城关、应举3个乡镇，利用顺河街引水渠引水。取水指标共2500万立方米，用途为农业。

红旗引黄闸

红旗引黄闸位于封丘县境内，黄河左岸大堤公里桩号 166+535 处，为 3 孔开敞式水闸，孔口宽 10 米，高 5 米，设弧型钢闸门，2×15 吨双吊点卷扬式启闭机。设计流量 280 立方米每秒，加大流量 350 立方米每秒，设计灌溉面积 67.333 万公顷。

红旗引黄闸始建于 1958 年。由于黄河河床淤积，洪水位逐年增高，红旗闸的稳定性和挡水高度已不能满足防洪要求，遂于 1977 年、2004 年进行两次改建，改建工程位置在原红旗闸上游黄河大堤缺口处，新建闸于原闸基本在同一轴线上，两闸室前后相距约 170 米。

红旗引黄闸改建工程建筑物等级为 I 级，设计引水流量 70 立方米每秒。红旗闸后为大功灌区，设计灌溉面积 254.3 万亩，实际灌溉面积 30 万亩。主要用水户为新乡大功灌区、滑县西湖。取水指标 1.83 亿立方米，用途为农业。

2019 年 3 月，红旗闸因引水能力严重不足，被鉴定为三类闸，列入黄河下游引黄涵闸改建工程。

厂门口引黄闸

　　厂门口闸位于新乡市封丘县曹岗乡厂门口村，黄河左岸大堤公里桩号188+074处，1级建筑物。1973年兴建厂门口虹吸，因防洪标准低、设备损坏严重等原因，于2007年废除厂门口虹吸，在原址修建厂门口闸。

　　厂门口闸为单孔涵洞式水闸，闸孔尺寸3米×2.5米（高×宽）。工程总长177米，闸室洞身长90米。设计引水流量10立方米每秒，设计灌溉面积12.9万亩，主要用水户为辛庄灌区、封丘青龙湖。

　　取水指标3000万立方米，用途为农业。

辛庄引黄闸

  辛庄引黄闸位于新乡市封丘县李庄镇后辛庄村，黄河左岸大堤公里桩号 201+137 处，始建于 1983 年，为 1 级水工建筑物。因渗径长度不足等原因，曾于 2014 年进行加固改建。

  辛庄闸为 2 孔涵洞式水闸，闸孔尺寸 2.5 米 ×2.1 米（高 × 宽）。工程总长 119 米，闸室洞身长 70 米。设计引水流量 20 立方米每秒，设计灌溉面积 19.7 万亩，主要用水户为辛庄灌区。闸前引渠长 2740 米。

  取水指标 1500 万立方米，用途为农业。

禅房引黄闸

　　禅房引黄闸位于新乡市封丘县尹岗乡大庄村，黄河左岸大堤禅房控导 32 ~ 33 坝，对应大堤（贯孟堤）桩号为 206。始建于 1992 年，为 3 级水工建筑物。2016 年 8 月禅房闸被鉴定为四类闸。

　　禅房闸为 3 孔涵洞式水闸，闸孔尺寸 3.5 米 × 2.2 米（高 × 宽）。工程总长 63.6 米，闸室洞身长 18 米。设计引水流量 20 立方米每秒。

　　禅房闸当前主要承担农业灌溉供水任务，取水指标 2000 万立方米，用途为农业。2016 年 8 月禅房闸被鉴定为四类闸。

孙东引黄闸

　　原孙东闸位于长垣市常村镇，太行堤公里桩号 11+600 处，始建于 1966 年，为 1 级水工建筑物。建成后因河床逐年淤高，加之工程标准低，因此 1988 年于太行堤公里桩号 11+600 处另建新孙东闸（下称孙东闸）。2016 年 7 月孙东闸被鉴定为二类闸。

　　孙东闸为单孔涵洞式水闸，闸孔尺寸 2 米 × 2.4 米（高 × 宽）。工程总长 89.5 米，闸室洞身长 50 米。设计引水流量 5 立方米每秒，闸前引渠长 70 米。设计灌溉面积 7.5 万亩，主要用水户为新乡大功灌区。

　　引水来源为文岩渠上游韩董庄、柳园、祥符朱、于店等引黄灌区的退水和天然径流补给。

大车引黄闸

　　大车闸位于长垣市大车集村,黄河左岸大堤公里桩号1+410处,始建于1985年,为1级水工建筑物。2013年4月大车闸被鉴定为三类闸。

　　大车闸为单孔箱涵式水闸,闸孔尺寸2.7米×2.5米(高×宽)。工程总长140.6米,闸室洞身长90米。设计引水流量10立方米每秒,闸前引渠长50米。该闸引天然文岩渠水,设计灌溉面积11.92万亩,主要用水户为大车灌区及长垣城区。

　　取水指标共1000万立方米,用途为农业。

石头庄引黄闸

  石头庄引黄闸位于黄河左岸新乡市长垣市黄河大堤上，为1级水工建筑物。始建于1967年，因黄河河床淤积、设防标准低、工程破损及设备损坏等原因，曾于1991年、2015年进行两次加固改建。设计引水流量20立方米每秒，设计灌溉面积19.8万亩，主要承担石头庄灌区农业灌溉、生态补源供水任务，取水指标4400万立方米。

杨小寨引黄闸

　　杨小寨引黄闸位于新乡市长垣市赵堤镇，黄河左岸大堤公里桩号 31+500 处，始建于 1979 年，为 1 级水工建筑物。2009 年 3 月杨小寨闸被鉴定为四类闸。

　　杨小寨闸为单孔涵洞式水闸，闸孔尺寸 3 米 ×2.5 米（高 × 宽）。工程总长 102 米，闸室洞身长 60 米。设计引水流量 10 立方米每秒，闸前引渠长 65 米。该闸引水水源为天然文岩渠，设计灌溉面积 10 万亩。

　　取水指标共 3000 万立方米，用途为农业。

周营引黄工程

　　长垣县是河南省政府确定该县为26个重点城镇化县城。为解决该县人民生活及工业用水，2003年12月3日周营引黄工程开工，于2004年12月28日正式通水。

　　工程位于长垣县卢岗乡林口村与冯楼村之间，周营上延控导工程7～8坝，主要包括引黄闸、调蓄水库和提水泵站等工程。周营引黄闸采用箱型涵洞式结构，工程建筑物等级为3级，引黄闸为单孔，闸孔尺寸2.0米×2.0米（高×宽）。螺杆式启闭机，闸室洞身长80米，设计流量5立方米每秒。

　　周营提水泵站布置在周营工程蓄水池西侧。根据管道轴线布置，设置四台卧式离心泵机组，三用一备。设计流量为0.82立方米每秒（单台泵0.27立方米每秒，三用一备），泵站设计水位65.00米，最高运用水位67.00米。周营调蓄水库占地159亩，总库容90万立方米。

　　周营引水工程当前供应长垣城区生产生活用水和新中益电厂生活用水。取水指标共1582万立方米，含生活用水1000万立方米，工业用水582万立方米。

渠村三合村引黄闸

　　渠村三合村引黄闸位于濮阳市濮阳县渠村乡，黄河左岸大堤公里桩号47+120处，始建于2005年，为1级水工建筑物。工程包括：三合村防沙闸、引水渠、穿然文岩渠倒虹吸、穿堤闸。

　　渠村三合村闸为一联6孔涵洞式水闸，左5孔孔口尺寸为3米×3.9米（高×宽），右1孔孔口尺寸为3米×2.5米（高×宽）。工程总长220米，闸室洞身长170米，闸身宽度为29米。设计引水流量100立方米每秒，闸前引渠长800米。

　　渠村闸左侧5孔设计流量90立方米每秒，供应农田灌溉用水，设计灌溉面积193.1万亩；右侧1孔设计流量为10立方米每秒，供应工业和城市生产、生活用水。供水地域涉及濮阳、清丰、南乐三县区及跨区安阳滑县农田灌溉、补源和濮阳城市生产、生活用水需求，兼有跨区向河北邯郸魏县、邢台县部分乡镇供应农田灌溉用水。引黄入冀补淀工程项目建成后，与拆除重建的渠村（青庄）闸联合调度，共同向工程沿线部分地区农业供水，为白洋淀实施生态补水，并可为沿线地区抗旱应急供水。

渠村三合村闸当前主要承担农业灌溉、生态补源供水任务，取水指标共 3.3 亿立方米，其中农业取水指标 2.75 亿立方米，工业取水指标 0.32 亿立方米，生活取水指标 0.18 亿立方米，生态取水指标 0.05 亿立方米。

原渠村引黄闸位于黄河左岸大堤公里桩号 48+850 处，引黄取水口位于濮阳县渠村乡青庄险工上游，和天然文岩渠入黄口相距 800 米左右。由于 20 世纪 90 年代和 21 世纪初天然文岩渠污染严重，排入黄河的污水大部分直接进入濮阳市引黄取水口，给濮阳市的工农业及城市生活用水水源水质造成了严重污染。为解决这一问题，省政府多次召开部门协调会研究部署，决定改建渠村引黄闸。新闸（渠村三合村闸）于 2005 年动工，2006 年主体工程完工，并进行了通水验收。

引黄入冀补淀渠首闸

引黄入冀补淀渠首闸位于濮阳市濮阳县渠村乡，黄河左岸大堤公里桩号 48+850 处。该闸原为渠村引黄涵闸，始建于 1958 年，于 1979 年改建。承担着向濮阳、清丰、南乐三县农业灌溉、补源供水和濮阳市工业、城市生活供水及引黄入滑、引黄入冀等跨区供水任务。由于水质原因，2006 年渠村三合村闸建成后，承担了该闸的引黄供水任务。原为渠村引黄涵闸围堵。

2016 年，该闸拆除改建为引黄入冀补淀渠首闸。改建后为 6 孔涵洞式水闸，5 孔孔口尺寸为 4.4 米 ×4.4 米（高 × 宽），1 孔孔口尺寸为 4.4 米 ×2 米（高 × 宽）。工程总长 257 米，闸室洞身长 182 米，闸身宽度为 31.6 米。设计引水流量 100 立方米每秒，闸前引渠长 550 米。设计灌溉面积 465.1 万亩，地域涉及河南、河北两省的濮阳、邯郸、邢台、衡水、沧州、廊坊、保定 7 市和雄安新区。

河北取水指标共 6.2 亿立方米，包括白洋淀补充生态水量 1.1 亿立方米。

陈屯引黄闸

　　陈屯引黄闸位于濮阳市濮阳县郎中乡陈屯村，黄河左岸大堤公里桩号 61+650 处，始建于 2007 年，为 1 级水工建筑物。

　　陈屯闸为单孔箱涵式水闸，闸孔尺寸 3 米 × 2.5 米（高 × 宽）。工程总长 178.60 米，闸室洞身长 90 米。设计引水流量 10 立方米每秒，闸前引渠长 1300 米。设计灌溉面积 15 万亩，地域涉及濮阳县郎中、八公桥、胡状乡。

　　取水指标共 3000 万立方米，用途为农业。

南小堤引黄闸

　　南小堤引黄闸位于濮阳市濮阳县习城乡西街村，黄河左岸大堤公里桩号65+870处，始建于1960年，为1级水工建筑物。因黄河主河槽下切拉深，主河槽南移，引水能力下降等原因，曾于1984年进行加固改建。2019年3月南小堤闸被鉴定为四类闸，列入黄河下游引黄涵闸改建工程。

　　南小堤闸为3孔箱涵式水闸，闸孔尺寸2.8米×2.8米（高×宽）。设计引水流量50立方米每秒，闸前引渠长1300米。南小堤闸为农业灌溉闸，闸后南小堤灌区设计灌溉面积49.5万亩，取水指标共1.4亿立方米，用途为农业。

梨园引黄闸

　　梨园引黄闸位于濮阳市濮阳县梨园乡前任寨，黄河左岸大堤公里桩号83+350处，始建于1992年，为1级水工建筑物。

　　梨园引黄闸为单孔涵洞式水闸，闸孔尺寸2.7米×2.5米（高×宽）。工程总长144米，闸室洞身长90米。设计引水流量10立方米每秒，闸前引渠长4500米。设计灌溉面积7.5万亩，主要用水户为南小堤灌区。

　　取水指标共500万立方米，用途为农业。

王称堌引黄闸

　　王称堌引黄闸位于濮阳市濮阳县王称堌乡前陈村，黄河左岸大堤公里桩号 98+502 处，始建于 1995 年，为 1 级水工建筑物。2019 年 4 月王称堌闸被鉴定为四类闸，被列入黄河下游引黄涵闸改建工程。

　　王称堌引黄闸为 1 孔涵洞式水闸，闸孔尺寸 2.7 米 ×2.5 米（高 × 宽）。闸室洞身长 100 米。设计引水流量 10 立方米每秒，闸前引渠长 4600 米。

　　王称堌闸为农业灌溉闸。闸后王称堌灌区，设计灌溉面积 9.9 万亩。取水指标共 2400 万立方米，用途为农业。

彭楼引黄闸

彭楼引黄闸位于濮阳市范县辛庄镇，黄河左岸大堤公里桩号 105+616 处。老彭楼引黄闸位于黄河左岸大堤公里桩号 105+500 处，始建于 1960 年，为 1 级水工建筑物。因黄河河床淤积，防洪能力不足等，于 1984 年在其下游黄河左岸大堤公里桩号 105+616 处重新修建彭楼引黄闸。

彭楼引黄闸为 5 孔箱涵式水闸，闸孔尺寸 2.7 米 ×2.5 米（高 × 宽）。闸室洞身长 80.14 米。设计引水流量 50 立方米每秒，闸前引渠长 650 米。设计灌溉面积 100 万亩，主要用水户为彭楼灌区、聊城灌区、中原油田水厂。

彭楼引黄闸当前主要承担农业灌溉、生活用水供水任务，取水指标共 1.51 亿立方米（含山东 7400 万立方米），其中农业用水指标 1.31 亿立方米，生活用水指标 0.2 亿立方米。按照项目规划，彭楼引黄闸改扩建后，每年向山东供水指标可增至 10619 万立方米。2019 年供水总量 1.49 亿立方米，其中农业供水量 0.84 亿立方米，非农供水量 0.65 亿立方米，非农占比 43.6%。

随着黄河小浪底调水调沙，黄河下游河道持续下切，原彭楼引黄闸过流能力严重不足，经批准兴建彭楼灌区改扩建工程，彭楼灌区改扩建工程设计灌溉面积 233.54 万亩，彭楼渠首闸设计流量为 55 立方米每秒，加大流量为 80 立方米每秒，彭楼穿堤闸设计流量为 50 立方米每秒，加大流量为 75 立方米每秒，两闸均为一联 5 孔钢筋混凝土箱型涵洞式水闸。渠首段引渠设计流量为 55 立方米每秒，长 930 米。按照项目规划，彭楼闸改扩建后，每年向山东供水指标可增至 1 亿立方米以上。

邢庙引黄闸

邢庙引黄闸位于濮阳市范县陈庄镇，黄河左岸大堤公里桩号123+170处，1级建筑物。1972年兴建邢庙虹吸，因管道锈蚀、引水能力下降、堤防加固等原因，于1986年废除邢庙虹吸，在原址修建邢庙闸。2019年3月邢庙闸被鉴定为三类闸，列入黄河下游引黄涵闸改建工程。

邢庙闸为单孔涵洞式水闸，闸孔尺寸2.8米×3米（高×宽）。设计引水流量15立方米每秒，闸前引渠长80米。设计灌溉面积20万亩，主要用水户为邢庙灌区。

取水指标共5500万立方米，用途为农业。

于庄引黄闸

  于庄引黄闸位于濮阳市范县张庄乡，黄河左岸大堤公里桩号140+275处，始建于1977年，为1级水工建筑物。因渗径长度不足等，曾于1992年进行加固改建，完成闸机房、工作桥、启闭机、闸门主体等工程施工。2014年9月于庄闸被鉴定为三类闸，被列入黄河下游引黄涵闸改建工程。

  于庄闸为单孔涵洞式水闸，闸孔尺寸2.7米×2.5米（高×宽）。工程总长144米，闸室洞身长80米。设计引水流量10立方米每秒，闸前引渠长1660米。设计灌溉面积10万亩，主要用水户为于庄灌区。

  取水指标共1200万立方米，用途为农业。

刘楼引黄闸

　　刘楼引黄闸位于濮阳市台前县侯庙镇王泵村，黄河左岸大堤公里桩号147+040处，始建于1958年，为1级水工建筑物。因不均匀沉陷、防洪标准偏低等，曾于1983年进行加固改建。2019年3月刘楼闸被鉴定为三类闸，被列入黄河下游引黄涵闸改建工程。

　　刘楼闸为单孔涵洞式水闸，闸孔尺寸2.8米×2.8米（高×宽）。闸室洞身长80米。设计引水流量10立方米每秒，闸前引渠长3650米。设计灌溉面积7万亩，主要用水户为满庄灌区。

　　取水指标共1500万立方米，用途为农业。

王集引黄闸

　　王集引黄闸位于濮阳市台前县清水河乡后王集村，黄河左岸大堤公里桩号 154+650 处，始建于 1960 年，为 1 级水工建筑物。因河床淤积、渗径长度不足等，曾于 1986 年进行加固改建。2013 年 4 月王集闸被鉴定为三类闸，被列入黄河下游引黄涵闸改建工程。

　　王集引黄闸为 3 孔涵洞式水闸，闸孔尺寸 2.5 米 ×2.1 米（高 × 宽）。工程总长 139.7 米，闸室洞身长 80 米。设计引水流量 30 立方米每秒，闸前引渠长 5345 米。设计灌溉面积 30 万亩，主要用水户为王集灌区。

　　取水指标共 1300 万立方米，用途为农业。

影堂引黄闸

　　影堂引黄闸位于濮阳市台前县打渔陈镇东影堂村，黄河左岸大堤公里桩号166+340处，始建于1989年，为1级水工建筑物。2011年12月影堂闸被鉴定为三类闸，被列入黄河下游引黄涵闸改建工程。

　　影堂引黄闸为单孔涵洞式水闸，闸孔尺寸2.7米×2.5米（高×宽）。闸室洞身长80米。设计引水流量10立方米每秒，闸前引渠长142米。设计灌溉面积10万亩，主要用水户为孙口灌区。

　　取水指标共1700万立方米，用途为农业。

柳屯引水闸

　　柳屯引水闸位于濮阳市濮阳县柳屯镇柳屯村，北金堤桩号
26+728 处，始建于 1988 年，为 1 级水工建筑物。因基础不均匀沉
陷、金属结构老化锈蚀等，曾于 2016 年进行加固改建。除险加固
针对三类闸鉴定结果，完成上下游连接段、上部结构、金属结构、
启闭机等工程施工。

　　柳屯引水闸为 3 孔涵洞式水闸，闸孔尺寸 2.5 米 × 2.1 米
（高 × 宽）。工程总长 114 米，闸室洞身长 50 米。设计引水流
量 30 立方米每秒，设计灌溉面积 49.1 万亩，地域涉及濮阳市。

　　取水指标共 4000 万立方米，用途为农业。

第八章
沁河防洪工程

沁河发源于山西省长治市沁源县霍山东麓的二郎神沟，流经山西省的沁源、安泽、沁水、阳城、泽州等县，穿越太行山于河南省济源市的五龙口进入下游平原，经济源市及焦作市的沁阳市、博爱县、温县、武陟县，于武陟县方陵村汇入黄河。河道全长485千米，其中河南境内河道长125千米。

沁河是黄河三门峡以下一条重要支流，流域面积13532平方千米（含丹河流域面积3152平方千米），占黄河三门峡至花园口区间流域面积的32.5%，占小浪底至花园口区间流域面积的50%。

沁河在黄河防洪中占有十分重要的位置，是黄河众多支流中唯一纳入国家统一管理的河流。沁河左岸丹河口以下59.02千米堤防为国家防总明确的重点确保堤段，沁河一旦在丹河口以下堤段决溢，将危及华北平原安全，受灾面积可达3.3万平方千米。因此，沁河在黄河防洪中占有十分重要的位置。

一、沁河堤防工程

沁河自济源市五龙口以下为下游防洪河段，河道长 89.5 千米，两岸始有堤防，大堤总长 164.095 千米。左堤起自济源逯村，经沁阳瑶头、解住、水北关、北金村，入博爱县境，经留村、孝敬、武阁寨，入武陟县境，经沁阳村、小董、大樊、老龙湾、木栾店、南贾，至白马泉与黄河左堤相接，计长 76.285 千米。其中，沁阳龙泉无堤段缺口 5.01 千米，阳华无堤段缺口 1.89 千米，丹河口无堤段缺口 1.76 千米，丹河口以下大堤长 59.02 千米。右堤起自济源市五龙口、经河头、大许、沙后，入沁阳境，经伏背、王曲、水南关、尚香，入温县境，经亢村、善台、吴卜村、西张计，入武陟县境，经东张计、石荆、五车口、杨庄、马蓬至方陵与黄河左堤相接，计长 87.81 千米。

沁河堤防始建于金代天眷元年（1138—1140 年），经历代河道变迁、冲决、堵筑和续建培修，逐渐形成现有堤防规模。中华人民共和国成立后，沁河堤防于 1949—1954 年进行了第一次大复堤；

1955—1973 年进行了第二次大复堤，进一步提高了堤防的抗洪能力；1974—1983 年进行了第三次大复堤，这次大复堤为战胜 1982 年大洪水发挥了重要作用。在三次大复堤期间，对沁河下游两岸无堤地段进行了增修，1954 年沁阳修防段新修右岸东王曲至路村无堤段堤防 1.45 千米，同时由伏背堤头向上伸延筑堤 3.09 千米（其中济源境内 1.87 千米），于鲁村至西高村龙眼处修筑新堤 0.45 千米。1981—1983 年完成杨庄改道工程，新修右堤 2.417 千米，对应大堤公里桩号新右堤 0+000 ~ 2+417；新修左堤 3.195 千米，对应大堤公里桩号新左堤 0+000 ~ 3+195。

1984—1998 年沁河防洪工程建设以"除险加固，提高工程抗洪能力"为中心，以堤防加固，险工、涵闸改建为重点，消除险点，保障防洪安全。堤防工程建设项目主要是培修加固、淤背和压力灌浆，重点对杨庄改道新左、右堤进行加固处理。沁河堤防以防御武陟水文站 4000 立方米每秒洪水为工程建设标准，1998 年后，对丹河口以下左堤进行全面培修加固，其中武陟老龙湾至沁河口堤段按黄河堤防标准进行加固；博爱丹河口至武陟老龙湾堤段，按一级堤防标准进行加培。

2016—2019 年底对沁河下游堤防进行了综合治理，共完成堤防加固帮宽 31.308 千米，堤防加固长度 89.927 千米，堤顶道路 147.319 千米，涵闸拆除改建 35 座，拆除改建 22 座，加固 1 座，拆除复堤 12 座。险工改建加固 33 处，共计坝、垛、护岸 430 道，险工续建 5 处，共计坝、垛、护岸 85 道。

通过沁河下游防洪治理工程的实施，使沁河下游堤防、险工基本达到设计标准，病险涵闸全部得到改建，结合工程管理设施建设，有效提高了沁河下游防洪能力。

二、沁河重点险工

　　沁河险工是在沁河发生洪水时，堤防被水流顶冲、淘刷生险，为保护大堤而抢修的工程。随着河势的变化，主溜上提下挫，险工坝、垛、护岸也随之上延下续；险工的坝、垛、护岸，连成一线，形成长几百米甚至 1 ～ 2 千米的大型险工，坝、垛、护岸工程可达数十处，成为沁河下游防洪工程的重要组成部分。1948 年以前，沁河两岸保存下来的险工 24 处，绝大多数为秸埽结构。1949 年中华人民共和国成立后，根据河势演变情况陆续对沁河险工加高改建或新建，截至 2015 年，沁河险工 49 处，共有坝、垛、护岸 807 处。现将沁河重点险工介绍如下：

五龙口险工

　　五龙口险工位于沁河出山口处，沁河右岸五龙口镇五龙头村北，河口村水库坝址下游 9 千米处，是沁河河南河段的第一处险工，现有垛 1 座、护岸 2 段，险工长 678 米。1983 年修建，1985 年、1989 年进行了改建，工程长度 161 米，护岸 1 段。2013 年，对五龙口险工进行了下延续建。

　　与五龙口险工相邻的五龙口古代水利遗址，位于济源市东北 16 千米的五龙口沁河出山口，始建于秦王政二十六年（公元前 221 年），是我国古代遗留的古水利工程遗址，与都江堰、郑国渠、灵渠并称为我国古代四大水利工程。

　　因渠首以"枋木为门，以备蓄泄"，始名枋口堰，亦称方口或秦渠。东汉元初二年（115 年），朝廷敕令"修理旧渠，通利水道，以溉公私和田畴"。三国时曹魏典农司马孚奉诏重修，易木门为石门。唐太和五年，河阳节度使温造修治枋口堰，扩长渠道，灌溉济源、河内、温县、武陟农田五千顷，改称广济渠，成为历史上引沁水灌田最多的水渠。明嘉靖、隆庆年间分别开通利丰、广惠二渠，万历二十八年和三十年，河内令袁应泰、济源令史纪言分别开通广济渠和永利渠，至此形成五龙分水之势，故名五龙口。今存广利渠，仍发挥作用，造福当地群众。

孔村险工

　　孔村险工位于沁河右岸沁阳市王曲乡北孔村村北，工程长度2629.4米，始修于1896年，为历史老险工，分上、下两段。现有单位工程14座，坝2道、垛7座、护岸5段。

　　该险工上段55-1护20世纪常年靠河，挑流至沁阳险工，下段55-2、55-3护1953年修建，属无坦工程。2003年8月27日，沁河五龙口水文站发生680立方米每秒洪水，由于主流在对岸龙泉滩坐弯，孔村险工下段16+920～17+300出现斜河河势，大溜顶冲堤前滩地，至8月28日7时30分，塌滩宽100余米，滩沿距堤脚最近处仅余12米，采用滩前挂柳、抢修5座垛、1道坝，护滩保堤等，至9月7日，险情方得到有效控制；2004年博爱至济源天然气管道从此经过，新建了3座坝垛（护岸1道坝、1座垛和1段护岸），以加固该段堤防。2012年安阳至洛阳天然气管道由此经过，又新建了1座垛1段护岸。2016年以来沁河下游防洪治理工程改建了2座工程。

水南关险工

水南关险工位于沁河右岸沁阳市水南关村北，属沁河下游最窄河段，始修于 1811 年，为历史老险工，现有坝 5 道、垛 10 座、护岸 14 段，计 29 个单位工程，险工长 2174 米。

新中国成立前仅有 7 座工程，由于河势变化不定，上提下挫，根据河势分别于 1949 年、1950 年、1951 年、1953 年、1955 年、1956 年及 1964 年新修 18 座工程，为提高工程抗洪能力，1972 年以后对工程进行了加高改建，2001 年将 16 座砌石结构工程改建为乱石粗排。2003 年 "8·27" 洪水期间，56～27 坝至 56～28 坝、56～29 垛至 56～30 坝坝挡形成强大回溜，受回溜淘刷，9 月 7 日 18 时 08 分该两段坝挡处堤脚坍塌 2 米，出现了坝挡坍塌较大险情，经批准抢修了 03-28、03-29 护。2016 年以来实施的沁河下游防洪工程改建了 11 座工程。

太山庙险工

太山庙险工位于沁河右岸沁阳市堤防处，上起东关，下至仲贤，长 2003 米。该险工始修于 1872 年，为历史老险工，现有坝 2 道、垛 20 座、护岸 8 段，计 30 个单位工程。

新中国成立前仅有 5 座工程，新中国成立后对旧工程进行了整修，并根据河势情况增设了新工程。1953 年对工程进行了改建，全部石化，1973 年后逐步改为砌石结构。2016 年以来沁河下游防洪治理工程将该险工 30 座工程全部进行了改建。

太山庙险工受水北关、北金村来水冲击，挑溜直射留村险工，可保护王召、马铺滩地。

马铺险工

马铺险工位于沁河右岸沁阳市马铺村北，始修于1999年，现有垛16座、护岸14段，计30个工程单位，工程长1272米。

该险工处原为平工段，"98·8"洪水期间，由于河势右移，工程前形成横河，主流直冲该段老滩，造成大面积塌滩坐弯，18个小时内塌滩近百米，弯底距堤脚仅剩25米。为确保堤防安全，争取抢险主动，1999年汛前经批准修建马铺险工，修筑99-1垛、99-2护和99-3垛。

2003年10月12日沁河五龙口发生700立方米每秒洪水，工程前横河逐渐演变成倒"S"形畸形河势，1垛及上首滩地受大溜顶冲，发生了垛体墩蛰重大险情。针对河势、险情发展，先后采取挂柳护滩、抛石、搂厢、推枕、推笼、切滩爆破等措施进行险情抢护，经过6个昼夜的奋战，控制了险情。经批准，在抢险位置抢修03-4、03-5、03-6垛。为控制该段河势，2004年12月新修了7、8垛两座低滩工程。由于畸形河势不断恶化，为确保该段工程安全度汛，2012年汛前新修6座低滩工程。2016年沁河下游防洪治理工程新修了16座工程，其中上延修建11处低滩工程，垛5座，垛间护岸6段；下延修建5座工程，垛2座，垛间护岸3段。

尚香险工

　　尚香险工位于沁河右岸沁阳市尚香村北，是沁阳沁河最下首险工，现有工程始建于 1949 年，现有坝 8 道、垛 34 座、护岸 24 段，计 66 个单位工程，险工长 2820 米。

　　尚香险工原为历史老险工。清光绪五年（1879 年），沁河曾在此决溢。光绪二十六年（1900 年），对岸挑水，该险工上段兴福湾坍塌，1902 年塌至堤根，随后做垛抢护。1919 年大水后脱河。1939 年对岸小岩工程阻水，主流南移，大王庙以东堤塌大半，当时工程大部分为草垛，仅两处存有碎石。

　　1949 年大溜靠上游，汛期抢修工程厢垛 8 段、垛坝 1 道。1950 年修垛 5 座、护岸 1 段。1951—1952 年又安设石垛 8 座。1953 年春将该险工全部用石裹护和整修加固。1953—1956 年修垛 8 座、坝 3 道、护岸 1 段。1973 年后将原工程改为砌石工程。1984

年后将部分工程改为扣石。1985 年 9 月，因堤脚坍塌，修柳石楼箱 1 段，2017 年将该段改为石护岸。

1988 年 8 月 16 日沁河小董站发生 1050 立方米每秒洪水，洪水在回落过程中，34 垛以上长 70 余米塌至堤脚，个别堤坡坍塌入水，抢修了 3 段护岸、2 座垛。为稳定河势，1989 年 5 月又上延增修 2 坝 1 垛。

"96·8" 洪水期间，五龙口相继发生 1050 立方米每秒和 1280 立方米每秒洪峰，受小岩至尚香河心滩影响，塌滩加剧，塌至堤角仅剩 4 米。为确保防洪安全，1997 年汛前修建 45、46 坝两道坝。1998 年将 88-41 护岸、89-42、43、44 坝、88-38 和 40 垛、37 和 39 护岸改为平扣，其中 88-41 护岸至 37 护岸共 5 座工程合并为一段护岸，命名为 88-41 护岸。2001 年将该处剩余的 8 座砌石工程改建为扣石工程，并在土石结合部增设土工布防水层。2016 年沁河下游防洪治理工程新修 20 座工程，改建 19 座工程。

该险工上迎大小岩险工来溜，下送溜至亢村险工，地形平直，工程较多，比较稳固。

鲁村险工

鲁村险工位于沁河左岸沁阳市鲁村南，始修于 1896 年，现有坝 1 道、垛 10 座、护岸 4 段，计 15 个单位工程，险工长 992.5 米。

1895 年（光绪二十一年）该处开过两个口，群众称该处为"无影山"，意思是水深溜急。次年修做石坝，口门后修堤埝，数年脱河。1921 年又靠河生险，先后修石坝和护岸，并用石料加固，1927 年生险抢护，数年脱河。1953 年又靠河，1962 年汛期大水顶冲六坝下空当，抢修 1 座石垛，护岸 1 段。1963 年和 1964 年河势逐渐下挫，冲刷险工下段，1963 年接修护岸 1 段，1964 年抢修柳石垛 1 座，相应接长了险工。由于河势变化，分别于 1962—1964 年、1972 年新修 12 座工程。由于该险工经常靠河，经多次整修，1990 年将下段 12 座工程改建为扣石结构，目前上游尚有 3 座乱石结构工程。目前该险工已脱河。

沁阳险工

沁阳险工位于沁河左岸沁阳市东、西沁阳村南，始建于 1895 年，现有坝 2 道、垛 13 座、护岸 9 段，计 24 个单位工程，险工长 1722 米。

1895 年大水过后，西沁阳村做了 1 垛、1 护岸 2 个工程。1949 年因孔村西滩嘴挑水，受大溜顶冲，东沁阳抢修了 2 道坝、3 段护岸。1950 年因西沁阳段河势下挫，水刷堤角，抢修 2 座垛。1951 年东、西沁阳两个险工合为一个险工，以后逐年增改工程，1951 年河势下挫到东沁阳下段，上段一度脱河。1953 年又靠河，1954 年大溜又提到西义合。1957 年因河势变化，东、西沁阳之间的 800 米堤外滩塌完，水刷堤脚，挂柳护坡。1958 年河势上提，该处缓和。1963 年 8 月由于河势下挫到东西沁阳之间的平工段，顶冲堤脚，抢修护岸 1 段。1964 年 6—8 月，由于大水冲刷，又抢修护岸 2 段，1984 年对工程的根坦进行加高。2004 年博爱至济源天然气管道从此经过，新建 1 段护岸，以加固该段堤防。2007 年汛后经批准，将防护工程之外的 23 座工程全部进行了改建，结构为乱石粗排。

沁阳险工是自然大弯形，抗溜性强，一般不脱河，能托河至对岸水南关险工，既保护堤防，又可控导河势。

水北关险工

　　水北关险工位于沁河左岸沁阳市水北关村南，始修于 1921 年，为历史老险工，险工长 577 米，现有 4 段护岸。水北关险工和水南关险工相对，是沁阳市境内沁河断面最窄的一段，最窄断面仅 260 余米。

　　水北关险工始修于 1921 年，原有两段护岸，即 55-1 护和 55-2 护，两工程中间有一座禹王阁，阁基为大石块砌垒。新中国成立后对原有 2 段护岸进行了加高和整修，1963 年、1964 年又对 1 护岸进行了抛石和铅丝笼加固。1962 年堤坡产生裂缝，1963 年洪水使大堤脱坡 20 余米，同年 9 月以散抛石抢修 3 护岸，1964 年又抢修了 4 护岸。为提高工程抗洪能力 1972—1974 年将全部工程改为砌石工程，2001 年由砌石结构全部改建为扣石结构。

　　水北关险工与水南关险工对峙，对固定河势、保护堤防和人民生命财产起巨大有重要作用。

留村险工

留村险工位于沁河左岸博爱县留村西南，处于沁、丹交汇、河势变化急剧的河段，现有坝 1 道、垛 7 座、护岸 15 段，计 23 个工程单位，险工总长 1066 米，工程均为平扣结构。

该险工始建于 1889 年。1949—1951 年修两段护岸，1954—1956 年加修三段护岸，1963—1965 年再修两段护岸，1988—1989 年为稳定河势，做旱地工程 3 座，1998 年对 12 座工程进行险工改建。2016 年险工上延新修垛 5 座，护岸 6 段，并对老旧 12 座工程进行改建。

蒋村险工

　　蒋村险工位于沁河左岸博爱县孝敬镇蒋村西，现有坝4道、垛2座、护岸8段，计14个单位工程，工程长度954米。

　　该险工建于1949年，本险工在留村险工下约1千米处，与留村险工形成90度的直角，湾上堤是东西流向，此处是蒋村有名的龙眼，也是博爱河务局最大的历史口门，1954年溜向堤根靠近，新修顺水坝4道，以挑溜护湾，使溜到湾下皂角树下（27+800）处改为南北流向，上望大河正垂直而来。仲贤坝下滑或留村大坝挑溜不力时，溜顺堤直冲皂角树以上湾内，故常出险，因此在险工下首增加垛及护岸。1977年进行加高，1988年对护岸、垛及4道坝进行了整修，2016年全部工程进行改建加固。工程上段4道坝未经大险，根石较浅，中下段曾着大溜，较稳固。

　　蒋村险工的主要作用是防御洪水顺堤行洪，挑溜护堤。

张村险工

张村险工位于沁河左岸博爱县张村村南偏西，现有垛 5 座、护岸 1 段，工程长度 221 米。

该险工始建于 1956 年，1956 年 7 月大水后，该险工由于留村险工挑溜顶冲王召险工前泥滩，该滩抗溜性强，导致溜绕过蒋村险工直冲张村湾下游的平工堤防出险，由上而下抢修柳石垛 5 座，护岸 1 段。1977 年进行加高改建，1990 年又将 3 护岸加高改建，2007 年按照新标准对该险工 6 座工程进行改建，改建垛 5 座，护岸 1 段。

该险工因其为凹形的优势，故受大溜的机会较少，上段常不靠水，故其仅起护坡作用。

孝敬险工

　　孝敬险工位于沁河左岸博爱县孝敬村南，形状呈凹形，现有坝1道、垛5座、护岸3段，共9个单位工程，工程长度510米。

　　险工建于1949年，此段大堤自蒋村经张村至孝敬这三处险工，连结起来恰像一个横放着口向南的"M"字形，张村、孝敬两处险工分布两凹中鼓，两端，工程具有一定控导挑溜作用。1949年，由于留村挑溜顶冲对岸王召马铺胶泥滩，该滩宽而抗溜性强，致使孝敬险工堤防生险，当年修护岸2段，柳秸料垛2座。1954年加修石垛3座，漫水坝1道，加固了下端工程。1964年为防止回溜修筑了8护岸。1977年对1护岸－7垛进行了加高改建。1991年对8护岸、9坝加高改建。2007年按照新标准对该险工9座工程进行了加高改建。

大小岩险工

　　大小岩险工坐落于沁河左岸博爱县大岩村南，形状呈凹形，是丹河口以下左堤上的重要险工，现有坝5道、垛9座、护岸11段，共25个单位工程，长度为1530米。

　　此处沁河河道由西向东急转向南，大堤走向近似转90度大弯。险工的上中段是历史上著名的朱湾历史老口门，乾隆二十六年（1761年）曾在此决口，淹没耕地，造成人畜伤亡数巨。

　　1949—1955年，新修筑坝2道、垛9座、护岸2段共13座工程。1956年7月朱湾发生重大险情，堤坡坍塌200余米，堤顶大部已坍塌，情况十分危急，经组织大力抢险，抢修4护岸，方使险情趋于缓和。1957年将柳石工程加高改建，抛石整修。1966年大堤临坡坍塌出险抢修5-1护岸。1967年河势继续上提主流直冲朱湾，在3坝以下加修3-1、3-2、3-3低坝3道，坝顶高程超1500立方米每秒洪水当地水位0.5米。由于受1982年4130立方米每秒洪水的影响，致使该段堤脚柳荫地坍塌严重，1984年新修9-1护岸、10-1护岸。1986年将3道低坝进行加高。1987—1988年新修护岸6-1护岸、7-1护岸、8-1护岸、11-1护岸、12-1护岸5段。2001年将险工上段的1垛、2、3坝和3-1、3-2、3-3坝和5护岸7座工程进行改建加固。2016年对4护、5-1护-14垛共18座工程进行了改建加固。目前，工程7垛～14垛靠河，其中7垛～10垛着边溜，10-1护岸～14垛为主溜顶冲。

西良仕险工

西良仕险工位于沁河左岸博爱县西良仕村南，形状呈凹形，现有坝3道、垛19座、护岸19段，共41个单位工程，工程长度1766米。

该险工始建于1949年，险工除中凹外，上下两段基本顺直。1949年前都是秸料，1950年后将秸料结构逐渐石化。由于上游大小岩险工的工程起到挑溜作用，溜走河道中心，使主溜直奔尚香村老险工下首，在亢村险工下首折向东北流向，顶冲西良仕村东南险工下首，白马沟险工上首，1949年修护岸1段，从1950—1953年增加护岸4段，垛14座；1954年3050立方米每秒洪水后，结合白马沟险工的大险抢护，西良仕在险工修坝2道，护岸3段，托溜外移；而后，1955—1958年增加坝1道，护岸10段，垛5座，1958年河大变南滚后，全险工脱水。1962年后主溜北移，边溜冲向29垛以下，后又上提，20垛以上不靠溜，21～37垛全部靠水。1966年8月由于37垛托溜不力，堤脚坍塌，故推枕压石做37-1护岸。1977年加高了37座工程。1982年4130立方米每秒洪水后，河槽继续南滚，至此未再靠河。为保持工程完整，除40坝外，1984年对2、3、9、11、13、16护岸加高，1994年对40坝进行加高改建，2008年按照新标准对该险工41座工程进行了改建加固。

白马沟险工

白马沟险工位于沁河左岸博爱县白马沟村南偏西，形状呈直线，现有坝3道、垛6座、护岸9段，共18个单位工程，工程长度704.5米。

该险工始建于1951年，上接西良仕险工，西良仕险工受溜后缓流东下，常以边溜冲刷该段，1951—1952年抢修8护岸、12坝、13护岸、14垛、9垛。1954年小董站（现武陟站）3050立方米每秒洪水后，由于河势变化，1954—1955年抢修4座垛（2垛、4垛、6垛、11垛）、5段护岸（1、3、5、7护岸和10护岸）以保堤身安全。1963年抢修15护岸。1982年大水后，导致河势变化，1987年坍塌之堤脚，1988年再修11-1护岸。1988年武陟站1050立方米每秒洪水时12坝坝头坍塌入水，2003年10月11日22时30分，五龙口流量656立方米每秒，白马沟险工下首39+650～39+850开始塌岸，抢修16、17坝。2016年对1-8护岸、11-1护岸～17坝共15座工程进行了改建加固。目前，工程12坝～17坝靠河，其中16坝受主溜顶冲，12、17坝靠边溜。

武阁寨险工

　　武阁寨险工位于沁河左岸博爱县武阁寨村南，共有护岸 1 段，工程为平扣结构。

　　该险工始建于 1949 年，1949 年以前是老滩，整个河势靠南岸善台、新村。1949 年突由串沟水经善台闸东北冲向武阁寨南，导致堤坡坍塌，抢修柳石垛 3 座，1951 年后串沟淤死变为平工，多年未曾整修。1986 年对险工进行加高改建，将 3 座垛改为 92 米长的 1 段护岸，2007 年按照新标准对该险工进行改建，工程长度 104 米，裹护围长 102 米。该工程未出过险情常不靠河，根石较浅。

沁阳村险工

　　沁阳村险工位于武陟县沁河左堤 44+935 ～ 45+795 处，始建于清光绪二十年（1895 年），现有坝 2 道、垛 9 座、护岸 7 段，共 18 个单位工程，工程长度 860 米。

　　清光绪二十年（1895 年）沁河大堤在 46+383 ～ 46+723 处溃塌决口，河顺沁阳村堤根行洪，堤身受到威胁，陆续在 45+300 ～ 46+100 处用石料修了一些工程。

　　新中国成立后，经过 1956 年较大的抢险，正式形成了该险工，经陆续抢修、加固、整修石化、改建，形成了现在的散抛石工程。2008 年对已有的 16 座工程进行了改建加固，2017 年对 14 垛～ 15 垛、15 垛～ 16 坝间土坡进行裹护，形成两段新的护岸。

南王险工

南王险工位于沁河左堤武陟县前南王村，兴建于清光绪三十三年（1907年），现有垛31座、护岸19段，共50座个单位工程，工程长度2249米。

从1907年到1913年，大溜一直顶冲南王滩地，为了护闸和阻止河势再下挫，筑石坝一道。1925年在49+175～49+320段内修秸埽六埽段，后改为石垛。由于大溜顶冲堤防，1949—1950年修建9座垛，2段护岸。1952—1954年修建7座垛，2段护岸。1963年补修一座垛，经过历年的抢修石化、加高改建为扣石勾缝工程。20世纪70年代后逐步脱河。1988年8月16日沁河小董站发生1020立方米每秒洪水时，大溜顶冲险工下游50+200～50+400处，老滩坍塌距大堤脚只有13米左右。1994年在50+167～50+466处修建了下延工程5座垛，4段护岸。1995年汛前进行了石裹护，下延工程长度299米，裹护长度354米。2017年对已有32道工程进行改建加固为块石粗排工程。2017年沁河下游防洪治理工程中安排在这两段新修工程18座，其中垛8座，护岸10段。

小董险工

　　小董险工位于沁河左堤武陟县小董乡小董村南，现有坝3道、埽13座、护岸12段，共计28个单位工程，工程长度721米。

　　1892年大溜顶冲53+850以下，修了两道坝，两段秸料护岸。因河势下挫，1925年在53+500～53+665处修了坝埽。1937年、1940年用船运石对坝、埽进行了加固。1943年河势上提，堤脚坍塌严重，1947年大溜顶冲小董南口门(54+000)，当时顺堤修秸料埽。新中国成立后，根据河势的发展，重新安设了工程，进行了抢修、加固、石化、扣石勾缝。1998年因新设呼北光缆通过，1998年续建98-1护岸，98-27坝，并对55-23护岸进行扣石裹护，投工6.12万个，用石料112751立方米，1998年因新设呼北光缆通过，该工程的55-1埽随之取消。2017年沁河下游治理工程对28坝进行改建加固为块石粗排工程。

大樊险工

　　大樊险工位于沁河左岸武陟县大樊村南，现有垛25座、护岸19段，共计44个单位工程，工程长度共1330米。

　　该工程位置险要，1818—1947年的129年间在此处曾决口9次。清光绪十四年（1888年）在该处修秸料护岸10段，其后随着河势的上提下挫，陆续修筑了部分工程。特别是1947年大樊决口，洪水泛武陟、修武、获嘉、辉县及新乡县境、夺卫河入北运河，泛区面积达400平方千米，受灾村庄达120多个，灾民20余万。

　　人民治黄以来，相继对工程进行石化，其后又加高改建，大大提高了工程的抗洪能力。1954年小董站（现武陟站）3050立方米每秒洪水时，背河地面沿堤600米长，距堤脚宽100米范围渗水严重，1987年经批准在60+200～60+400处灌注深26米、宽0.45米的隔渗墙一道。1998年将63-42护岸进行了石裹护，在57-9垛与55-10垛之间加修了一段石护岸，共完成削坡、回填土方2050立方米，铺设土工布1020平方米，散抛石1890立方米，干砌石勾缝60.8平方米，该工程共用石料28047立方米。2017年沁河下游治理工程对44道工程进行改建加固为块石粗排工程。

老龙湾险工

老龙湾险工位于武陟县沁河左堤63+835 ～ 65+270 处，始建于 1878 年（清光绪四年）。该险工共有坝 1 道、垛 11 座、护岸 11 段，共计 23 个单位工程，工程长度 1435 米。

1878 年 7 月，沁河暴涨，先从南岸原村漫溢，又旋决北岸（左岸）老龙湾。修武、获嘉被淹，为挑溜护口，用船运石始修 55-1 坝。1897 年修石坝 2 道，修砖、石垛 2 座，到新中国成立初多已湮没或残破不全。1950—1952 年对老龙湾险工进行了全面整修。1985 年以来河势上提，导致塌滩，于 1987 年新修上延工程三座（2 座垛，1 段护岸）。2017 年对 1 坝进行改建加固，新建 4 段护岸，分别为 15 垛 -16 垛护、16 垛 -17 垛护、17 垛 -18 垛护、18 垛下延护。新工程根石浅，遇洪水易生险。

东关险工

　　东关险工位于武陟县沁河杨庄改道新左堤上，兴建于 1982 年，共有工程 23 座，其中坝 11 道、垛 5 座、护岸 7 段，工程长度 1684 米。

　　该险工处原为因木城险工前河道，是沁河最窄的河道卡口，木城险工老大桥处两堤距仅 330 米，且河道在木城老险工处河槽急转弯几乎为 90 度，排洪断面极小且不顺。为了扩大沁河排洪段间达到 800 米标准，理顺弯度，增大排洪量断面，于 1981 年兴建杨庄改道开工工程。该险工为沁河杨庄改道工程新左堤组成部分，作为主体工程兴建，共修建坝 11 道，垛 5 座，护岸 7 段，计 23 个单位工程，都是排槽抛笼为根，抛石捡坦而成。2008 年对 1～16 坝进行了加固改建，2017 年对 17～23 坝进行加固改建。加固改建后工程全部为粗排块石结构。

　　东关险工修建后，将沁河杨庄河段截弯展宽为 800 米，理顺了河道弯度，增大了排洪量，使洪水安全下泄畅顺。保卫了华北平原的安全，发挥了防御特大洪水的作用。

木城险工

　　木城险工位于武陟县木城镇西，始建于清光绪十三年（1887年），现有工程11座，其中垛5座、护岸6段，计11个单位工程，工程长度720米。

　　1887年前，在70+310～70+605处之外堤段内，就有4道坝，叫随沿石坝、顺坝、挑坝及拖坝，诸坝中间还有秸埽25段，从1890年到1919年经多次抢修，在55-1护岸上段修砖磨盘坝，下段4道坝埽的秸埽改为抛石护岸。

　　新中国成立后，经过石化、加固、整修为石砌坦，水泥砂浆勾缝工程。工程平均高程108.04米，根石最深是55-6垛17.8米，55-9护岸16.4米，最浅是55-10垛10.5米，55-11护岸8.9米，根石大部分采用铅丝网护。

　　该险工所处河段原为卡口河段，位于沁河老桥之上，堤距仅为330米，杨庄改道前河道从西向南急转弯几乎成90度，转弯急，卡口窄，主流顶冲，是历代最险要的工程。1982年杨庄改道之后，该险工处于第二道防线。

沁河口险工

沁河口险工位于沁河左岸武陟县沁河口处滩内，始建于民国十九年（1930 年），现有坝 2 道、护岸 1 段，计 3 个单位工程，工程长度 376 米。

1930 年该处塌滩严重，当时曾铺铁路运石抛修现在的 55-2 一段护岸及 55-3 一道坝。新中国成立后对原工程多次进行抛石整修，于 1955 形成了 55-2 护岸、55-3 坝。1962 年又抛石抢修形成了 62-1 坝。几座工程平均高程 98.33 米，根石最深是 62-1 坝 8.6 米，55-2 护岸 11.4 米，最浅是 55-3 坝 4.9 米。该工程修建在河滩内，距黄河堤约 1 千米，为护滩固槽工程。

南贾险工

南贾险工位于沁河左堤 76+550 至 76+989 之间，兴建于光绪二十八年（1906 年），现有工程 2 座，其中坝 1 道，护岸 1 段，工程长度 439 米，裹护长度 484 米。

新中国成立后，经抢修、加固，坝的高程为 104.80 米（黄海），护岸高程为 102.74 米，用工 1.12 万个，石料 4560 立方米，根石最深的是 55-2 坝 10.7 米，55-1 护岸 10.5 米，基础土质为黏土。2017 年对 2 坝进行了加固改建。

经 1982 年沁河 4130 立方米每秒洪水，未曾出险。

亢村险工

温县黄河河务局所辖亢村险工位于亢村村北偏西。工程始建于1949年，工程长1389米，相应大堤桩号为34+944～36+333，现有坝7道、垛14座、护岸7段，计28座工程。

亢村险工系此段堤防从1949年至1973年计24年间，因主溜和边溜上提下挫，坍塌堤脚，危及堤防安全，随着时间和河势的变化相继抢修而成的。后经20世纪80年代的加高改建及历年来的管理，使该工程面貌焕然一新，2001年汛前又对13座工程（其中坝2道、垛9座、护岸2段）进行了改建；具备了抗御中常洪水的能力，经受了新中国成立以来（1982年）小董站4130立方米每秒超标准洪水的考验。

2004年底，新修、抢修、整修工程共用石料2.45万立方米，柳料72.62万千克，土方1.48万立方米，用工5.85万个，投资158.60万元。

2016年沁河下游治理工程对整个险工进行了改建，新增了7～9垛、11～12垛、14～15垛、19～25坝、25坝～55-3垛、55-5垛～57-6坝间护岸11段；目前工程数量39座（其中坝7道、垛14座、护岸18段）。

善台险工

善台险工位于善台村北，始建于 1948 年，相应大堤桩号为 39+866 ～ 41+607，工程长度 1741 米，现有坝 5 道，垛 15 座，护岸 9 段，共计 29 座工程。

1948 年河坐对岸白马沟险工弯内，工程挑溜直冲本岸，1948 年至 1952 年，主溜在原河道内来回摆动，上提下挫，大溜顶冲本岸，堤脚坍塌生险。为了保护堤防，1948 年至 1952 年新修了 6 段护岸和 4 座垛；1953 年桃汛，河势上提下挫，边溜冲刷已修工程空当处，本年入汛后，河势下挫，河坐对岸滩弯，阻托溜势继续下移，大溜顶冲本岸，1953—1955 年为有计划地适应上首一系列工程并趁地势抢修了 4 座垛和 5 道坝；1963 年对岸河势上提，坐西良仕险工弯内，溜出弯后，顶冲本岸，堤脚坍塌生险，于是又抢修了 7 座垛，3 段护岸。

经过历年整修、石化和 1986 年、1992 年两次大的整修，现工程结构均为平扣，水泥砂浆勾缝，工程具备了较强的抗洪能力。截至 2000 年，新修、抢修、整修共完成石料 1.19 万立方米，柳料 64.00 万千克，土方 0.86 万立方米，投工 2.81 万个，投资 40.52 万元。

2016 年沁河下游治理工程对整个险工进行了改建。

由于对岸上游白马沟险工送溜至该险工下游新村险工，多年来，善台险工对中常洪水已不再起控导主流的作用。

新村险工

新村险工位于武德镇乡新村村北，始建于 1948 年，工程长 2021 米（桩号 41+803 ～ 43+824）。现有护岸 15 段、垛 24 座，计 39 座工程。

新村险工的形成系此段堤防自 1760 年至 1948 年受洪水冲刷坍塌、决口，人们为保护自己的家园抢护而逐渐形成的。1761 年、1918 年新村险工 42+920 ～ 43+150 计 230 米长堤防曾决口两次，1947 年为防口门再次决口抢修九段护岸，新中国成立后又陆续完善了新村险工体系，使之初具规模，形成新村险工。20 世纪 50 年代期间，在党和政府的关怀和支持下，治黄部门对该险工进行了全面加高改建，加之历年来对其逐步强化管理，使其具备了抗御中常洪水的能力，战胜了新中国成立以来（1982 年）小董站 4130 立方米每秒的超标准洪水。

截至 2000 年底，该工程新、抢、整修共用石料 2.05 万立方米，土方 1.61 万立方米，柳料 95.17 万千克，投工 3.14 万个，投资 99.65 万元。

2016 年沁河下游治理工程对整个险工进行了改建。

吴卜村险工

吴卜村险工位于沁河左岸温县武德镇乡吴卜村和西张计村北，有坝1道、垛8座、护岸5段，计14个单位工程，工程险工长1160米。

吴卜村险工始建于1949年，当年汛末主溜在新村险工的作用下送至对岸武阁寨滩坐弯，折回头顶冲吴卜村堤段生险，开始抢修此处险工。1949—1950年抢修护岸1段、垛6座；1952年新修护岸4段；1954—1956年新修坝1道、垛2座。经20世纪50年代和80年代的加高改建以及历年来的工程管理，使该工程面貌焕然一新，具备了抗御中常洪水的能力。

王顺险工

　　沁河王顺险工位于武陟县沁河右岸西陶镇王顺村堤段，现有坝4道、垛9座、护岸9段，共22个单位工程，全长852米。

　　1917年，因主溜顶冲民堰抢修安设该险工，随着河势变化下挫，该险工随之脱河。人民治黄以前，仅有石垛1座。

　　1954年，由于受对岸沁阳村挑溜影响，该险工着河生险，相继安设坝、垛、护岸9座。截至1965年汛末共安坝、垛、护岸18处。1982年沁河小董站发生了4130立方米每秒洪水，该险工全部靠河。洪水过后，为确保工程安全，1986年对该险工进行改建，提高了工程强度。中常洪水情况下全部靠河，将主溜下送于对岸南王险工，防洪效益显著。2007年对该险工原18座工程进行了改建，对常年靠河的原有4段土护岸进行了石化。

滑封险工

滑封险工位于武陟县沁河右岸西陶镇东滑封村堤段，现有坝 3 道、垛 19 座、护岸 22 段，共 44 个单位工程，全长 1477 米。

1988 年 8 月 16 日，沁河小董站出现 1050 立方米每秒洪水，由于王顺险工脱河，洪水主溜下挫造成东滑封平工段生险，为确保堤防安全，当年安设垛 5 座、护岸 4 段。1989 年按照豫黄工管字 (1989) 24 号文批复精神，对 1988 年抢修工程进行了加高抛石裹护，新建垛 2 座、护岸 3 段、坝 1 道，累计坝、垛、护岸 15 个单位工程，高程与大堤顶相平。为遏制该险工下首畸形河势，将水流下送至南王险工，2016 年进行改续建，续建工程长度为 1120 米，修建了坝 2 道、垛 12 座、护岸 15 段，计 29 个单位工程。

白水险工

　　白水险工位于武陟县沁河右岸西陶镇境内，现有坝2道、垛18座、护岸14段，共34个单位工程，全长1909米。

　　该险工始建于清光绪十二年（1887年），属历史老险工，是沁河堤防最早修建的险工之一。该险工具有一定挑溜能力，对下游小董险工影响较大。

　　此险工系多次修建而成，1887年修石垛1座；1918年修埽5段，石垛2座。1926—1947年修石垛5座、石护岸1段、埽7段，其中1926年修石垛4座，1937年修石垛1座，1939年修石护岸1段，1943年修埽2段，1947年修埽5段。1949年后进行了多次加修改建，修秸料埽2段，1950年埽改石垛1座，埽改护岸1段；1951年垛改石垛1座，柳石护岸4段，石坝2道；1957年新修柳石护岸1段，1958年柳石护岸改修7段。截至1963年该险工共有垛、护岸30处。

　　1982年沁河小董站（现武陟站）发生了4130立方米每秒洪水，该险工全部靠河。洪水过后，为确保工程安全，1983年对该险工进行改建，提高了工程强度。该处险工建成后，中常洪水情况下全部靠河，将主溜下送于对岸小董险工，防洪效益显著。2007年对30座工程进行了改建，2016年新修石护岸4段。

石荆险工

　　石荆险工位于沁河左岸武陟县大虹桥乡石荆、岳庄村北，现有坝3道、垛20座、护岸17段，共40个单位工程，工程长2030米。

　　该工程始建于清光绪十二年（1887年），人民治黄以前修建有垛17座、护岸10段，1950年又相继抢修坝3道、垛3座、护岸5段，1984年和2001年对该工程分别进行两次改建，2003年抢修39护和40护岸。2017年增加又对原7段土护岸进行了石化。

　　该险工新中国成立后进行了多次加修、改建、加固，工程建成后，工程强度和抗洪能力大大提高，经受了沁河各类洪水的考验，为保证沁南地区人民的生命财产的安全发挥了重要作用，具有显著经济效益和社会效益。目前，工程平均根石深度8.5米，最大深度12米，共用石料31900米，柳料71.241万千克，工程总投资200.4万元。

五车口险工

五车口险工位于武陟县沁河右岸大虹桥乡境内，现有垛7座、护岸5段，计12个单位工程，全长1217米。

该险工始建于清咸丰元年（1851年），属历史老险工，是沁河堤防最早修建的险工之

一。现有工程中的4垛、10垛就是在1851年所修建的工程上加高改建而成，其8护岸位置为1939年日寇扒口放水老口门，新中国成立后在党和政府领导下，随堤防进行了险工加高。1983年对其进行干砌石护坡改建。这段险工的12座工程中，有6座为新中国前所修，其余6座为五六十年代抢修而成。

西大原滚河防护工程

　　西大原滚河防洪坝修建于 1985 年，共有 4 道坝，坝型均为圆头坝，位于武陟县沁河左岸大堤桩号 65+720 ～ 66+380 段内，工程长度 660 米，主要挑溜，遏制顺堤行洪，以防滚河而引起的河势变化。河槽现状附近滩地高程在 102.23 ～ 102.49 米，临河堤根平均高程为 101.91 米，大堤背河地面平均高程为 96.98 米，形成"二级悬河"，易出现滚河。

南贾滚河防护工程

　　南贾滚河防洪坝始建于清代，共有 4 道坝，坝型均为圆头坝，位于武陟县沁河左岸大堤桩号 77+375 ～ 79+500 段内，工程长度 2125 米，主要作用是防止因河势变化引起的顺堤行洪。河槽现状附近滩地高程在 96.78 ～ 98.84 米，临河堤根平均高程为 97.79 米，大堤背河地面平均高程为 92.8 米，形成"二级悬河"，易出现滚河。

三、引沁涵闸工程

沁河涵闸始建于清同治年间。《河南统志·水利》记载，清代怀庆府引沁闸口即有八九处之多。沿河群众自发修建有武陟县张村的惠济闸，东、西白水村的曾济闸，石荆村的永固闸等。这些涵闸均为小型涵闸，不仅结构简陋，而且安全性极差。

中华人民共和国成立后，对堤防上的险闸进行了多次改建。1960—1970年，河务部门组织受益村庄，按照"民办公助"（国家投资、受益村投劳）的形式，对武陟南王、博爱白马沟、温县新村等21座涵闸进行了改建。新闸主体结构为水泥砂浆砌石，涵洞顶部为浆砌砖拱。截至1983年底，沁河堤防共有涵闸40座、虹吸2处。1984年济源右堤由沁阳的伏背上延至五龙口，随之对沿堤28座排灌涵管中的22座进行改建，至此沁河共有涵闸68座、虹吸2处。

在第三次大复堤后，堤身加高培厚，重点涵闸承压强度及渗径严重不足、设备老化，一遇洪水，极易发生渗透破坏，成为沁河防汛中的险点。

1984—2006年，改建涵闸（管）43座（其中重点险闸16座），废除涵闸（管）23座（其中重点险闸17处），尚有待改建险闸10座，其中3处涵闸急需改建。

2016—2019年底，对沁河下游堤防进行了综合治理，涵闸拆除改建35座，拆除改建22座，加固1座，拆除复堤12座。

现将重点引沁涵闸介绍如下。

大利河引水闸

大利河引水闸位于济源市五龙口镇五龙头村，沁河右岸出山口处，相应大堤桩号－（10+417），上接五龙口险工。

大利河引水闸始建于明万历四十七年（1619 年），改建于1979 年，1985 年 7 月因新修堤防对涵洞进行接长，2009 年 9 月，大利河引水闸被鉴定为四类涵闸，2016—2017 年进行了拆除重建，主要由钢筋混凝土铺盖段、闸室段、涵洞段、消力池段、海漫及防冲槽段组成，纵向总长 88 米。闸底板高程为 139.98 米，墩顶高程分别为 145.90 米。闸墩厚 0.8 米，闸底板厚为 1.0～1.5 米。闸孔共 1 孔，净宽 2.0 米，孔高 2.4 米。闸室设一道检修门和一道工作门，均为平板门。闸后涵洞洞身为 1 孔箱涵，共 4 节，全长 44 米，纵向坡度 1/200，涵洞净尺寸为 2.0 米 ×2.4 米（宽 × 高）。

大利河引水闸设计流量 4.6 立方米每秒，设计灌溉面积 4.5 万亩，涉及五龙口镇五龙头、河头、王寨、和庄等四行政村。设计防洪水位 145.5 米，防洪标准为 50 年一遇，建筑物级别为 2 级。

广利第二渠首闸

广利第二渠首闸位于济源市梨林镇沙西村，沁河右岸大堤桩号 −（1+082）处。

广利第二渠首闸始建于 1959 年，2009 年 9 月，广利第二渠首闸被鉴定为四类涵闸，2016—2017 年进行了拆除重建，主要由钢筋混凝土铺盖段、闸室段、涵洞段、消力池段、海漫及防冲槽段组成，纵向总长 98 米。闸底板高程为 129.68 米，墩顶高程为 135.18 米。闸室边墩厚为 1.0～1.2 米，中墩厚为 1.0 米，闸底板厚为 1.0～1.5 米。闸孔总净宽 9.0 米，单孔净宽为 3 米，孔高 3.55 米。闸室设一道检修门和一道工作门。闸后涵洞洞身为三孔箱涵，共 3 节，每节长约为 10 米，纵向坡度 1/200，涵洞净尺寸为 3.0 米 ×3.55 米（宽 × 高）。

广利第二渠首闸设计流量 15.0 立方米每秒，设计灌溉面积 10 万亩。设计防洪水位 131.77 米，防洪标准为 50 年一遇，建筑物级别为 2 级。

留村闸

留村闸位于博爱县孝敬镇留村西，相应沁河左岸大堤桩号为25+793，始建于1936年，1985年改建为双孔混凝土箱型涵洞式结构。2015年鉴定为四类涵闸，2016年开始进行改建，2019年完成改建，改建后结构为灌溉用穿堤单孔箱型涵闸，设计流量5立方米每秒，主要由闸前连接段、钢筋混凝土铺盖段、闸室段、涵洞段、消力池段、海漫及防冲槽段组成，纵向总长130.0米，闸孔总净宽3.0米，孔高2.0米，涵洞洞身共6节，每节长均为10米，闸底板高程为108.38米，墩顶高程为116.82米，闸址区沁河大堤堤顶高程为123.26～123.84米，设计防洪水位119.53米，校核防洪水位120.53米。

陶村闸

陶村闸位于武陟县小董乡陶村西，相应沁河左岸大堤桩号为
54 + 100，始建于 1966 年，原闸为单孔箱涵管，1990 年改建为单
孔圆拱直墙式钢筋混凝土涵洞。2015 年 9 月鉴定为四类闸，2016
年开始进行改建，2019 年完成改建。改建后结构为灌溉用穿堤箱
型涵闸，设计引水流量为 2.5 立方米每秒，灌溉面积 1.35 万亩，
主要由上游连接段、进口衬砌段、钢筋混凝土铺盖段、闸室段、涵
洞段、消力池段、海漫及防冲槽段组成，纵向总长 131 米，孔高 2.0
米，宽 1.5 米，涵洞洞身共 5 节，每节长均为 10 米，闸底板高程
99.03 米，闸墩顶高程 105.84 米，堤顶高程 111.60 米，设计防洪
水位 109.45 米，校核防洪水位 109.61 米。

大樊闸

　　大樊闸位于武陟县三阳乡大樊村西南，相应沁河左岸大堤桩号为59+388，始建于1958年，原为平原水库配套工程，1975年废旧建新。2015年11月鉴定为四类闸，2016年进行了改建，2019年改建完成。改建后结构为灌溉用穿堤箱型涵闸，设计流量设计引水流量为5立方米每秒，灌溉面积2.5万亩，由闸前连接段、钢筋混凝土铺盖段、闸室段、涵洞段、消力池段、海漫及防冲槽段组成，纵向长125.5米，孔高2.0米，宽3.0米，涵洞洞身共5节，每节长均为10米，闸底板高程97.57米，闸墩顶高程105.33米，堤顶高程109.5米，设计防洪水位107.69米，校核防洪水位108.69米。

西大原闸

西大原闸位于武陟县三阳乡西大原村西，相应沁河左岸大堤桩号为 65 + 250，始建于 1973 年，原为单孔砖石涵洞结构。1988 年改建，1989 年 7 月完工，新闸闸门为钢筋混凝土平板直升闸门。2016 年 4 月鉴定为四类闸，2016 年进行了改建，2019 年改建完成。改建后结构为涵洞式，设计流量 5 立方米每秒，灌溉面积 1.4 万亩，由进口衬砌段、钢筋混凝土铺盖段、闸室段、涵洞段、消力池段、海漫及防冲槽段组成，孔口高 1.7 米，宽 3 米，洞身长 48 米，闸底板高程 98.34 米，设计防洪水位 106.05 米，校核防洪水位 107.55 米。

木城退水闸

　　木城退水闸位于武陟县沁河杨庄工程处，相应沁河左岸大堤桩号为新左堤 3+000，始建于 1982 年。2009 年 6 月鉴定为四类闸，2016 年进行了改建，2019 年改建完成，改建为涵洞式，设计流量 1 立方米每秒，由沁河侧连接段、闸室段、涵洞段、背河侧连接段组成，闸孔为一孔，单孔径宽为 1.5 米，洞身长 61.3 米，闸底板高程 99.00 米，墩顶高程为 102.60 米，堤顶高程 107.89 米，设计排涝水位 100.00 米，设计防洪水位 104.48 米。

北孔闸

　　北孔闸位于沁阳市王曲乡北孔村西,相应沁河右岸大堤桩号为15+169,该闸始建年月无资料记载,后于1956年、1989年拆除改建,又于2016年开始进行改建,2019年完成改建。改建后结构为灌溉用穿堤箱型涵闸,设计引水流量3立方米每秒,设计灌溉面积1.5万亩,由进口衬砌段、钢筋混凝土铺盖段,闸室段,涵洞段,消力池段、海漫及防冲槽段组成,纵向总长131米,孔口高2米,宽1.5米,涵洞洞身共5节,每节长均为10米,闸底板高程为112.78米,闸墩顶高程120.5米,堤顶高程126.76米,设计防洪水位124.01米,校核防洪水位125.01米。

庙后闸

　　庙后闸位于沁阳市庙后村，紧邻沁阳市南金村，距沁阳市 3.5 千米，相应沁河右岸大堤桩号为 24+240。该闸始建于 1965 年，后于 1977 年进行了加固改建，又于 2016 年开始进行改建，2019 年完成改建。改建后结构为灌溉用穿堤箱型涵闸，设计引水流量 4.7 立方米每秒，设计灌溉面积 5 万亩，由闸前连接段、钢筋混凝土铺盖段，闸室段，涵洞段，消力池段组成，纵向总长 85.5 米，孔口高 2.4 米，宽 3 米，涵洞洞身共 4 节，前 3 节长均为 10 米，后 1 节 5 米，闸底板高程为 108.97 米，闸墩顶高程 118.09 米，堤顶高程 123.19 米，设计防洪水位 120.39 米，校核防洪水位 121.39 米。

亢村闸

　　亢村闸位于温县武德镇境内，相应沁河右岸大堤桩号为34+984，引水灌溉及补源生态治理工程。始建于1958年，后于1977年进行了拆除改建，投入运用近30多年后，2009年经鉴定为四类闸，2016年开始进行改建，2019年完成改建。改建后结构为穿堤箱型涵闸，设计流量15立方米每秒，设计灌溉面积15万亩，防洪标准为50年一遇，主要建筑物级别为2级。改建后涵闸由钢筋混凝土铺盖段、闸室段、涵洞段、消力池段、海漫和防冲槽段组成，纵向长113米，闸室设检修闸门和工作闸门，工作闸门选用平面定轮钢闸门，选用固定卷扬启闭机操作。为3孔结构，单孔净宽3米，孔高2.6米，闸室长12米，涵洞长40米，闸底板高程105.15米，墩顶高程113.02米，堤顶高程117.2米，设计引水位106.45米，设计防洪水位115.15米，校核防洪水位116.15米。

新村闸

　　新村闸位于温县武德镇境内，相应沁河右岸大堤桩号为41+704，始建于1966年、1989年进行了改建，设计引水流量2.5立方米每秒，主要由闸前连接段、钢筋混凝土铺盖段、闸室段、涵洞段、消力池段、海漫及防冲槽段组成，纵向总长70.0米。运行近30年后，2016年鉴定为四类闸，2016年进行了除险加固，主要建设内容为：便桥、排架及启闭机房拆除重建，其他部分保留；对闸墩氧化部分进行处理，凿除2厘米后采用环氧砂浆抹面。新闸为单孔钢筋混凝土圆拱直墙式涵洞，孔高1.7米，孔宽1.5米，闸室段长8米，涵洞段长24米，闸底板高程107.60米，闸墩顶高程111.60米，堤顶高程115.50米，设计流量2.5立方米每秒，灌溉面积2.1万亩，该闸设计防洪水位112.07米，校核防洪水位113.57米，设计灌溉水位108.60米。

王顺闸

　　王顺闸位于武陟县沁河右岸西陶镇王顺村堤段，相应沁河右岸大堤桩号为 47+300，始建于 1958 年。为确保工程安全，1986 年对其进行改建，设计正常流量 5 立方米每秒，设计防洪水位 110.83 米，设计灌溉面积 2 万亩。2015 年鉴定为四类涵闸，2016 年开始进行改建，2019 年完成改建，改建后结构为单孔钢筋混凝土箱涵结构，设计引水流量 5 立方米每秒，设计灌溉面积 5 万亩，由闸前连接段、钢筋混凝土铺盖段、闸室段、涵洞段、消力池段、海漫及防冲槽段组成。纵向总长 105 米，孔口高 2.0 米，宽 3.0 米，涵洞洞身共 3 节，每节长均为 10 米，闸底板高程 102.34 米，闸墩顶高程 108.39 米，堤顶高程 112.89 米，设计防洪水位 110.09 米，校核防洪水位 111.09 米。

东白水闸

　　东白水闸位于武陟县沁河右岸西陶镇东白水村堤段，相应沁河右岸大堤桩号为52+350，始建于1917年，涵闸结构为单孔砖石城门洞结构，设计正常流量0.90立方米每秒，设计灌溉面积1.7万亩。该闸原设防标准低，施工质量差，洞身短，渗径不足，虽经1987年、1999年两次围堵，仍是沁河防洪的一大忧患。1992年被列为焦作市局防守险点，2015年鉴定为四类涵闸，2016年开始进行改建，2019年完成改建，改建后东白水闸结构为单孔钢筋混凝土箱涵结构，由上游连接段、钢筋混凝土铺盖段、闸室段、涵洞段、消力池段、海漫及防冲槽段组成。纵向总长87米，孔口高1.80米，宽1.50米，涵洞洞身共4节，每节长均为9米，闸底板高程101.38米，闸墩顶高程106.92米，堤顶高程110.93米，设计引水流量0.9立方米每秒，设计灌溉面积1.7万亩，设计防洪水位109.13米，校核防洪水位110.13米。

五车口闸

　　五车口闸位于武陟县大虹桥乡李村西北，相应沁河右岸大堤桩号为61+550，始建于1955年。1985年改建为双孔钢筋混凝土城门洞结构。2015年鉴定为四类涵闸，2016年开始进行改建，2019年完成改建，改建后结构为灌溉用穿堤箱型涵闸，设计流量5立方米每秒，设计灌溉面积1.7万亩，由上游连接段、进口衬砌段、钢筋混凝土铺盖段、闸室段、涵洞段、消力池段、海漫及防冲槽段组成，纵向总长131米，孔口高2.0米，宽1.50米，涵洞洞身共5节，每节长均为10米，闸底板高程96.81米，闸墩顶高程104.57米，堤顶高程109.20米，设计防洪水位106.90米，校核防洪水位107.9米。

沁河下游涵闸情况统计表（一）

工程地点			工程名称	涵闸型式	建成（改建）日期（年）	设计引水流量（立方米／秒）	设计灌溉面积（万亩）
县（市）	岸别	桩号					
济源	右岸	−(10＋417)	大利河引水闸	混凝土洞	2019	4.6	0.1
		−(8＋770)	河头电站灌溉渠首	混凝土盖板	1975	2.5	
		−(8＋073)	河头排水闸	混凝土洞	2019	4.7	0.05
		−(8＋030)	河头灌溉涵洞	石拱涵	1996	3.5	
		−(7＋187)	和庄东排水闸	混凝土洞	2019	0.94	0.02
		−(6＋652)	和庄南排水闸	混凝土洞	2019	4.5	0.04
		−(6＋156)	辛梨交界闸	混凝土洞	2019	4.68	0.85
		−(5＋795)	大许西石渠	混凝土盖板	1985	3（估算）	0.12
		−(5＋450)	大许1#排水涵管	混凝土涵管	1985	1.04	0.02
		−(5＋280)	大许2#排水涵管	混凝土涵管	1985	0.65	0.03
		−(5＋100)	大许3#排水涵管	混凝土涵管	1985	0.67	0.04
		−(4＋880)	大许4#排水涵管	混凝土涵管	1985	1.05	0.03
		−(4＋680)	大许5#排水涵管	混凝土涵管	1985	0.56	0.04
		−(4＋561)	大许6#排水闸	混凝土洞	2019	4.38	0.50
		−(4＋000)	安村西石渠	混凝土盖板	1985		0.03
		−(3＋995)	安村排水闸	混凝土洞	2019	0.5（估算）	0.50
		−(3＋155)	鸭厂灌溉涵管	混凝土涵管	1985	4.38	0.001
		−(3＋119)	屈西西排水闸	混凝土洞	2019	3（估算）	0.10
		−(2＋822)	丰收灌溉明渠	混凝土盖板	1963	4（估算）	0.06
		−(2＋520)	屈西北排水涵管	混凝土涵管	1985	4.5	0.23
		−(2＋192)	屈西东排水闸	混凝土洞	2019	3（估算）	0.75
		−(1＋863)	屈东灌溉涵洞	混凝土盖板		4.03	0.15
		−(1＋574)	屈东排水闸	混凝土洞	2019	15	
		−(1＋082)	广利第二渠首闸	混凝土洞	2019	0.25	10
		−(0＋520)	沙后灌溉涵管	混凝土涵管	1952		0.15

续表

工程地点			工程名称	涵闸型式	建成（改建）日期（年）	设计引水流量（立方米/秒）	设计灌溉面积（万亩）
县（市）	岸别	桩号					
济源	左岸	−(1+420)	马村东涵闸	涵洞式	1973	0.6（估算）	0.05
		−(1+103)	马村涵闸	涵洞式	1973	0.5（估算）	0.03

沁河下游涵闸情况统计表（二）

工程地点			工程名称	涵闸型式	建成（改建）日期（年）	设计引水流量（立方米/秒）	设计灌溉面积（万亩）
县（市）	岸别	桩号					
沁阳	右岸	15＋169	北孔闸	混凝土洞	2019	3	1.5
		24＋240	庙后闸	混凝土洞	2019	4.7	5
温县	右岸	34＋981	亢村闸	混凝土洞	2019	15	4
		41＋700	新村闸	混凝土洞	2019	2.5	2.1
博爱	左岸	25＋793	留村闸	混凝土洞	2019	5	3
武陟	右岸	47＋300	王顺闸	混凝土洞	2019	5	5
		52＋350	东白水闸	混凝土洞	2019	0.9	1.7
		61＋550	五车口闸	混凝土洞	2019	3	1.7
	左岸	54＋100	陶村闸	混凝土洞	2019	2.5	2
		59＋388	大凡闸	混凝土洞	2019	5	3
		65＋250	西大原闸	混凝土洞	2019	5	3
		新左3＋000	木城退水闸	混凝土洞	2019	1	

沁河杨庄改道工程

一、改道缘由

沁河下游河道堤距宽一般为 800 ~ 1200 米，唯丹河口以下 46 千米处，为一卡口段，长约 750 米，堤距宽仅 330 米。左岸为木栾店（武陟县县城），右岸为武陟老城，两岸堤防夹峙，河道在此急剧转弯直冲木栾店险工。该险工为明万历年间修建，历史悠久，有坝垛石护岸 11 段，长 660 米。明潘季驯治河时奏称："查得沁河发源于山西沁州绵山，穿太行，达济源，至武陟县而与黄河合，其湍急之势不下黄河。两河交并其势益甚。而武陟之莲花池、金圪垱（在木栾店险工下首）最其冲射要害之地，去岁（明万历十五年），沁从此决，新乡、获嘉一带俱为鱼鳖，今幸堵塞筑有埽坝矣。"清乾隆二年（1737 年）总河白钟山"将武陟木栾店埽工，改归黄河同知就近兼管"。光绪十六年（1890 年）曾抢大险。据《许公敏督河奏议》记载："这次沁河一日水长一丈八尺，大溜几与堤平，木栾店寨即借堤为墙，居民住寨内者，不下数千家，形同釜底。"1933 年黄河涨大水，已倒灌至木栾店，当时木栾店洪水水位比背河地面高 9 ~ 10 米，可谓"千户居民，俱在釜底"。

由于受黄河大水时顶托的影响，沁河该段河道不断淤高，已成"悬河"。河道一般高出地面 2 ～ 4 米，在木栾店卡口处，河内滩面高于背河 5 ～ 7 米，最多达 7 米。大堤高达 16 米，防洪水位高于背河地面 12 米。因此，木栾店卡口一直是沁河防洪中的一个突出问题。

中华人民共和国成立后，国家投入了大量财力、物力，对沁河防洪工程进行了大规模的整修加固，保证了沁河的防洪安全，但木栾店卡口问题急待解决。1972 年河南河务局编制的《河南黄河近期治理规划报告》中首次提出"解决木栾店卡口的实施方案"，经水电部批准，开始进行"展宽工程设计"。1975 年 8 月，淮河流域发生特大洪水，据分析，如果这次暴雨发生在黄河三门峡至花园口区间，黄河、沁河下游的防洪形势将非常紧张。鉴于此，当时水电部与河南、山东两省联合向国务院报送的《关于防御黄河下游特大洪水的报告》中，建议采取重大工程措施解决木栾店卡口问题，防御沁河特大洪水并提出两种方案供决策参考。

中国共产党十一届三中全会之后，随着改革开放的迅速推进，黄河治理开发呈现出新局面，各项治河工程措施得以逐步落实，解决木栾店卡口险段，消除沁河防洪隐患，也提上议事日程。1979 年 12 月，河南河务局向黄委呈报了《关于加强黄沁河木栾店至京广铁路桥堤段防洪能力方案的报告》，报告中对解决木栾店卡口险点，提出"展宽方案"和"两种改道"方案。通过多方比较、论证，建议采用投资省、占地少的"杨庄改道方案"。1980 年 1 月，水利部批复黄委会《关于加强黄沁河木栾店至京广铁路桥堤段防洪能力方案的报告》，同意"杨庄改道方案"。7 月河南河务局完成《沁河杨庄改道工程初步设计报告》，并先后得到黄委会和水利部的批复。11 月沁河杨庄改道指挥部成立，河南省副省长崔光华任指挥长，河南河务局和工程所在地的负责人任副指挥长。1981 年 3 月，沁河杨庄改道工程正式开工。

二、工程建设

杨庄改道工程由右岸杨庄起至左岸莲花池止，长约 3.5 千米。在杨庄处修新右堤，利用老右堤一段上下延长，将老河道封起来作为新左堤，使原河道由原 330 米扩宽至 800 米，裁弯取顺。为了保持新河段主槽与原河道主槽能够上下衔接，防止河流发生新的摆动，在新左堤上布设险工坝岸工程，上迎朱原村险工来溜，向下送入老河槽，并在改道区出口处的左岸滩沿上修一护滩工程，防止可能冲刷而出现的不利河势。

由于改道工程将老河道卡口段裁掉，老桥放弃，根据豫北通向豫西、晋东南交通的需要，在新改河道内重建新桥一座。在防洪工程设计中，由于河道裁弯取顺，主槽长度比原来缩短 290 米，堤线较原来缩短 285 米，利用原右堤长 1200 米以节省工程量，保留原公路桥，供施工交通之用。

杨庄改道范围 3 平方千米（新河道 1.5 平方千米），需要搬迁4675 人，房屋 4899 间，占、挖、踏土地 3800 亩（永久占地 678.7亩），搬迁的群众，于 1981 年汛期由武陟县政府妥善安置。

杨庄改道工程从 1981 年 3 月开始至 1984 年汛前完成，历时 3年零 3 个月。参加施工的有河南黄河河务局机械化施工总队，新乡、安阳修防处铲运机队，武陟一、二段，河南黄河河务局电话队、测量队等单位。施工高峰期，工地实有 1801 人，投入铲运机 86 台，推土机、拖拉机 33 台，自卸汽车 27 部，挖掘机 5 台，装载机 3 台，吊车 5 台，钻孔机 5 部，混凝土拌和机械 5 部。施工中积极开展技术革新，试制成功 1.5 米多功能潜水电钻，解决了桩基造孔技术问题，提高了工效，保证了质量，节省了投资。该钻机荣获河南省科技三等奖和水电部科技四等奖。

受水电部委托，以黄委为首，由河南省计委、省建行、省交通厅、河南河务局、改道工程指挥部，以及地区、县有关部门，黄河修防处、段等单位共 29 人组成的验收委员会，于 1983 年 3 月 2 日及 1983 年 6 月 2 日，分两次对防洪工程和交通大桥进行验收。沁河杨庄改道工程，按工程单位计有 327 个，其中优良品级为 314 个，占 96%，验收委员会认为杨庄改道整个工程符合国家优质工程标准。

整个工程总计完成土方 354.8 万立方米，石方 6.24 万立方米，混凝土 11258 立方米，共用工日 58.9 万个，投资 2843 万元，较水电部批准的修正概算 2906.5 万元，节约投资 63.5 万元。

三、工程效益

杨庄改道工程于 1982 年 7 月 20 日完成防洪主体工程，同年
8 月 2 日沁河小董站就发生了 4130 立方米每秒超标准洪水，这是
1895 年以来 87 年间最大一次洪水。沁南堤防有 15 千米堤段堤顶
出水高不足 1 米，五车口一段洪水超过堤顶 0.21 米，当地党政领
导组织群众 10 万人上堤，冒雨抢修子埝 21 千米，保住了大堤的安全。

这次洪水，在杨庄改道区实测水位和局部冲刷深度都接近设
计指标。改道区内水深 10 米左右，在 14 坝处测的最高洪水位为
103.96 米，相应的右堤顶高程 105.5 米，左堤顶高程 108.12 米，
与设计指标吻合；在大桥右端实测洪水水位 103.78 米，比当年设
计洪水位仅低 0.12 米；在 12 号桥桩处实测冲刷深度为 10.02 米，
比设计冲刷深度小 5.86 米。新修的堤防险工坝、垛、桥桩等工程，
均未发生险情。工程经受了洪水考验，保证了防洪安全。

　　若不修建该工程，这次洪水受木栾店卡口和老桥阻水影响，水位将壅高 1.8 米，回水长达 10 千米，超过五车口以上 3 千米。五车口分洪口势必漫溢分洪，洪水将淹没 5 个乡、9.6 万人、12.28 万亩耕地；同时洪水冲刷，超过老桥桩的设计冲刷深度，倒桥的可能性很大，北堤也可能因倒桥壅水造成决口，招致严重的后果。

　　杨庄改道工程的建成运用，避免了 1982 年洪水时使用沁南分洪的灾害，估算避免沁南分洪经济损失约 1.5 亿元（这是按当时国家平均水灾每人损失 1000 元推估的），经济效益相当于工程投资的 5 倍。

　　由于沁河杨庄改道工程设计合理，施工质量优良，效益显著，荣获 1984 年国家优质工程银质奖及河南省人民政府、黄委优质工程证书和奖金。